まえがき

イノシシの突破力、シカの跳躍力、サルやカラスの賢さ、モグラとネズミのしつこさ、新手のアライグマやハクビシン、ヌートリアの悪さにもほとほと手を焼きます。しかし、農家・農村も手をこまねいているばかりではありません。身の回りにあるものを活用し、柵やワナ、おどし道具などを工夫・自作し、その技術は日々進化しています。また、最近は増えすぎた鳥獣をワナで捕獲・駆除し、それらの皮や角、肉などを特産品として積極的に利活用する動きも出てきています。

そこで、本書は、鳥獣害の原因となる動物それぞれの生態や弱点などの解説と、全国の農家が実践している対策のあの手、この手、ワナ設置の勘所などを、豊富な写真・図とともに集大成。例えば、イノシシ対策には頑丈な柵が必須と思われがちですが、実はイノシシは目に見えるものにしか興味を示さないため、向こう側が見えないよう、トタンや不織布などで目隠しするだけでも十分に効果があります。シカ対策では、一重では効果のないネットでも立体的に設置することでシカが嫌がったり、通常の牧柵の外側に電線を一本追加するだけで跳び超えを防ぎます。鳥対策では、片付けがラクなミシン糸でミカンの木ごとぐるぐる巻きにするだけで防げたり、とくにカラスでは、透明なテグスやキラキラする糸を張るよりも、黒いテグスがカラスに見えにくく効果があります。このように、特別な資材を用いずとも、手に入りやすい身近なものをつかって個人でも取り組める対策法が数多くあるのです。ほかにも、ネズミの天敵＝フクロウを園地に呼び戻して「畑の番人」とする話や、トンビを餌付けしてカラスを防ぐ話などもおすすめです。

ただし、鳥獣害対策に完璧はありません。もっとも大事なことは、それらを設置したままにせず、日々観察し、下草の管理などのメンテナンスを怠らないことです。鳥獣になめられないためにも、諦めずに万全の準備と気構えで、鳥獣がやる気をなくす畑をつくりましょう！　それでは、目からウロコの実践の数々、とくとご覧ください。

二〇一八年五月　一般社団法人　農山漁村文化協会

＊くくりワナ・箱ワナ・囲いワナの設置には免許や許可が必要です。詳しくは、142ページをご参照下さい。また、地元の市町村の鳥獣害担当窓口にもおたずね下さい。柵やワナ設置の際はくれぐれも安全には十分配慮し、事故やケガ等のないようご注意ください。

鳥獣がやる気をなくす作物小事典

～わが家ではこの作物は鳥獣が食べません～

★全国の農家から、「うちはこれで大丈夫」という作物を集めました。どの鳥獣にも大丈夫ということではないので、注意して下さい。

サトイモ、ニンジン、ヤーコン、キクイモ…根菜類はやられない

埼玉県所沢市・関口勝子さん

サトイモ、ニンジン、ヤーコン、キクイモとかの根菜類はやられないから、多めにつくるようにしてるの。ここらはサルやイノシシ、シカは出ない代わりに**ハクビシン**とか**カラス**、**キジ**に困るの。土の中に埋まっていて見えないのがいいみたい。

ピーマンは20年近く大丈夫

長野県長野市・北沢清司さん

ピーマンを700～800本植えていますが、20年来、囲いをしてなくても鳥やケモノに食べられたことはありません。山深いところなんで、スイートコーンとか熟して甘くなるものはサルやムジナ（アナグマ）、カラスにやられますが、若いうちに出荷するものは大丈夫。

ルバーブには見向きもしない

東京都檜原村・山崎典子さん

10年ほど前からルバーブを栽培していますが、**サル**、**イノシシ**の被害はありません。ルバーブが植わっていても、見向きもしないで通り過ぎていきます。

茎10本くらいをひと束にして、直売所で販売しています。茎は400ｇで324円、苗は1株2000円（3～5月初めがよい）。これでビン3個くらいのジャムがつくれます。

※ルバーブの種子は藤田種子（TEL06-6445-2401）まで。

ルバーブ

20ha つくってるけど、
茶豆は食べられたことない

新潟県十日町市・
柳 恵一さん

大規模にエダマメを生産しています。茶豆は20haほど直播きしてても、この12年間**ハト**に食べられたことがない。独特の風味のせいかなあ。収穫期の**タヌキ**や**ムジナ**の被害もない。よその普通のエダマメは食べられてるから、品種のせいだと思う。

コンニャクイモと**トウガラシ**
を畑の周りに植えるといいよ

島根県美郷町・畑ヶ迫カズエさん

私たちの町の**サル**がいちばん好きなのはニンジンとネギ。ニンジンは葉も根も食べられるせいか、いちばん先に取って逃げていきます。ネギは白い部分を喜んで食べます。逆に、喜ばないのはコンニャクイモとトウガラシ。そこで、畑の周りにコンニャクイモとトウガラシを植えています。その中に棚栽培の果物や、野菜を植えています。

この畑は地元婦人会（会長安田兼子さん）の共同畑や「青空サロン」。みんなで勉強した野菜などをつくり、週1回の市に出すんです。共同畑をつくって5年目になりますが、最近は被害がほとんどありません。

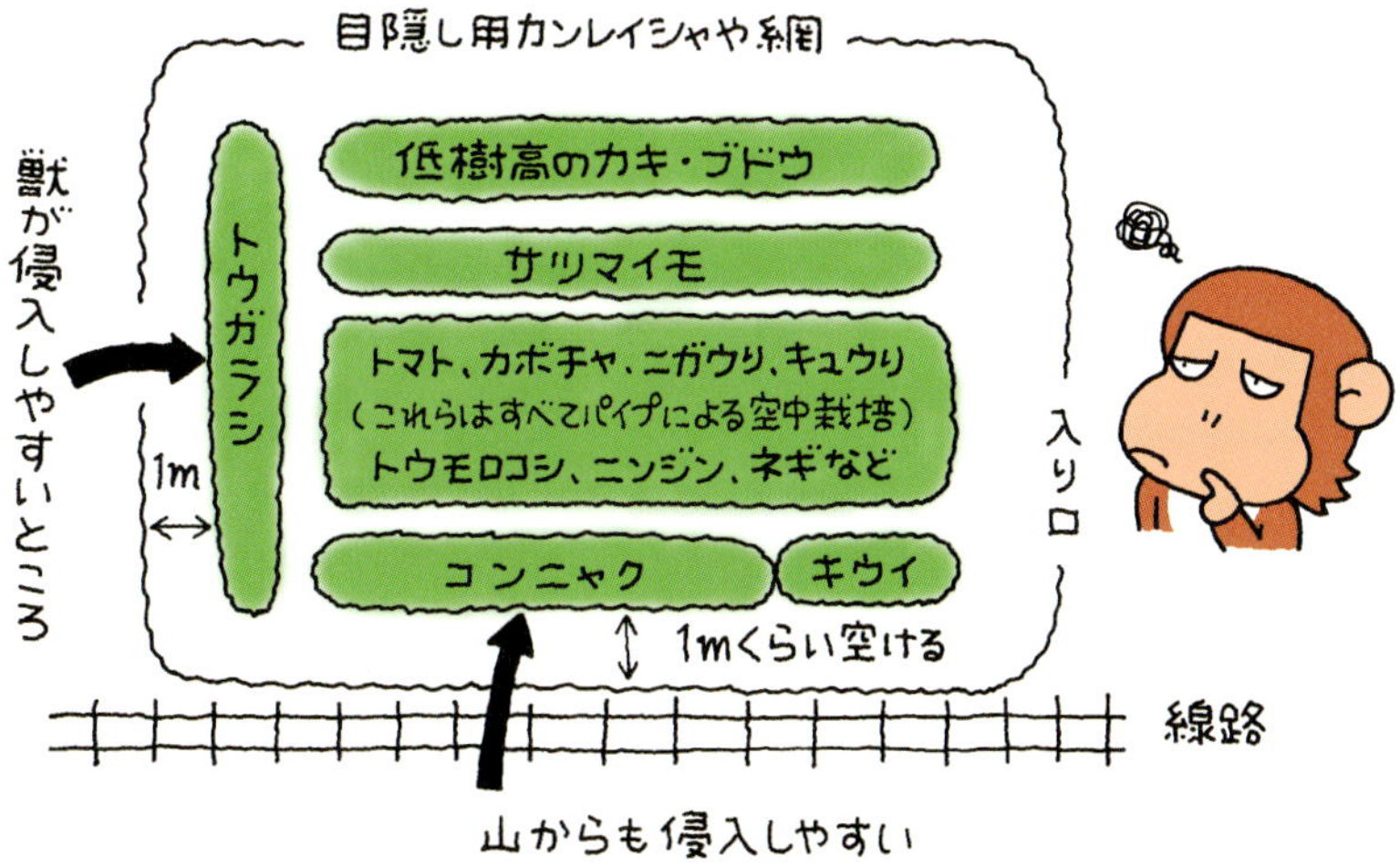

山の中でも**トウガラシ**産地、できました

島根県雲南市・奥田 功さん

JA雲南管内のトウガラシ畑

野獣の被害がない作物として、農協さんの指導で始めたのがトウガラシ（品種は三鷹）です。平成17年に125戸、7haで奥出雲唐辛子生産組合を設立して以来、**サル**、**イノシシ**にいたずらされて困ったことはありません。

茨城県のスパイスメーカーとの契約栽培なので、よいものは1kg当たり1800円。トウガラシは中国産がほとんどで、国内には大規模産地がないので単価が高いのもいいところ。目標反収は乾燥重量で250kg。この地域ではトウガラシに勝る作物はなかなかありませんね。連作障害は問題ですが、おかげで79歳になっても4aの耕作を続けられています。

コンニャクイモのおかげで生き生き、加工組合 19 年目

シカや**イノシシ**が集団で出るさかい、ほとんどの野菜はあきません。取られても惜しくない程度に植えておくほかないな。でもシカもイノシシもコンニャクイモは食べへん。それでコンニャクを栽培して加工する生産組合を平成４年に集落の17 人で作ったんよ。

年間500 ～ 600kgのイモからできるコンニャクは5000 ～ 6000丁。１丁（400g）350円で直売所に１年通じて出す。うちのは１丁が大きいし、味の染み込みがいいって待っててくれる人がいる。細々としかやってへんけど、生き甲斐やな。

あと、自家用につくってるサトイモも食べへんな。シソは去年初めて食べられたけど、植えて２年間は食べられんかったな。

滋賀県大津市・重倉艶子さん

ウコン、コンニャク、サトイモは山の畑に植える

野菜はほとんど目の届く家の近くでつくるけど、ウコンとコンニャクとサトイモだけは**サル**が食べないから、人目の届かない山の畑につくってる。もう10年以上になるけど、食べられたことないな。

新潟県朝日村・
中山一万さん

ヤマイモは好物だけど、**ホドイモ**は食べていない

高知県宿毛市・渡辺 啓さん

ホドイモ（アピオス）は植えて10年以上になるけんど、**シカ**も**イノシシ**も食べないね。ヤマイモはやつらの主食なのにな。ホドイモは炊き込みご飯にしたらうまいよ。

ミョウガ、ヨモギで農産加工始めました

三重県津市・
浅尾みどりさん

2年前からミョウガとヨモギの栽培・加工販売をする大洞農園を立ち上げました。ミョウガもヨモギも、**サル**と**イノシシ**には食べられません。でもシカはミョウガの芽が好きで食べるので、高さ2mのフェンス（15㎝角の網目）で500mくらい囲っています。

ミョウガは15年間被害なし

愛知県豊田市・安藤 実さん

ミョウガの契約栽培を15年間しているが、**サル**や**イノシシ**に食われたことはない。去年の夏はよっぽどエサがなかったのか、土の中のミミズ目当てに掘り返されたが、ミョウガは食べなかった。

ミョウガ
（小倉かよ撮影）

鳥が着陸したくならない!? **冬春キャベツ**

愛知県田原市・
花井一郎さん

春系キャベツの中でもとくに年内から1月下旬にとれる主力品種の「福春」（中神種苗）は**ヒヨドリ**に食べられやすい。人が食べてもおいしいから。玉が軽いもんで、2Lから3Lにしようとすると、なおさらヒヨドリが着陸したがるみたい。

福春と同じかもう少し遅く2月、3月にとれる「春岬」（渥美甘藍研究所）は食べられにくい。病害虫にも強くていい品種だけど、最近は3月いっぱいで割れやすい。その点、「春錦」（同）は玉も重くてヒヨドリにも食べられにくく、4月上旬まで割れずにとれる。

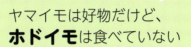

ノゲの立つ

イネ「次世代の夢」は

スズメに食われない

次世代の夢に限っては鳥に食われることがない。**スズメ**がたくさんやってくる刈り取り前になっても、長いノゲがピンと立っているのでスズメが警戒する。

埼玉県熊谷市・
赤羽修一さん

わが町で選んだ鳥獣害にあわない作物

神奈川県厚木市

サル、シカ、イノシシ、ハクビシンなどの被害に悩む農業振興課が、地域住民と地元大学の協力で平成16年から４年間実証栽培をくり返した結果、以下のようなものを提案。食べられても回復が早いエンサイや、トゲのあるカボスなど。

わが県で選んだサル害回避作物ランキング

滋賀県農業技術振興センター

３年ほどの現地調査で選んだ「被害を受けなかった作物」を京都大学霊長類研究所のサルに実際に食べさせてみた結果。辛み、苦み、刺激臭があり、カロリーの低い農作物はエサとなりにくい。

総合評価	品　目
1 ほとんどの群れで被害を受けない	タカノツメ、コンニャク、クワイ、ゴボウ
2 ほとんどの群れで被害を受けにくい	サトイモ、ピーマン、シュンギク、ミョウガ、ミント、バジル、ワラビ、クサソテツ、ウコン、ヘチマ
3 群れによっては被害を受けにくい	葉ダイコン、キンサイ、トウガラシ、ルッコラ、ニガウリ、ショウガ、ニラ、セロリ、ヒユナ、ミズナ、サワアザミ、パプリカ、オクラ、アシタバ、アスパラガス、山ブキ、ゼンマイ、チョロギ、パセリ、ゴマ、ソバの実

（2004年、山中成元）

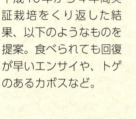

目次

まえがき……1

鳥獣がやる気をなくす作物小事典……2
北沢清司さん／関口勝子さん／山崎典子さん／柳 恵一さん／畑ヶ迫カズエさん／奥田 功さん／重倉艶子さん／中山一万さん／渡辺 啓さん／安藤 実さん／浅尾みどりさん／花井一郎さん／赤羽修一さん

イノシシ・シカ・サルになめられない

とにかく諦めない！ 何でもやる
私、しつこさじゃ鳥獣には負けませんから
岐阜県●佐藤ユキヱさん……12

イノシシ編

イノシシのひみつ 編集部……16

不織布で覆うとイノシシから見えない!? 和歌山県●外江素雄……17

イノシシを防ぐにはトタン柵がイチバン
島根県●畑ヶ迫カズエさん……18

獣害柵
山梨県総合農業技術センター●本田 剛……20

【図解】**囲み・覆い用資材は組み合わせて強化** 編集部……24

【図解】**電気柵のしくみと上手な使い方** 編集部……26

弾性ポールを使って電気柵自由自在
近畿中国四国農業研究センター●井上雅央さん……30

電気柵の電圧をいつでもどこでもチェックできる装置
北海道・アールス・コーポレーション●小南海人……34

電線張り器と巻き取り器 大阪府●星庵幸一さん……35

田畑まわりの雑木伐採で **イノシシ・サルの「ストップゾーン」を作る**
香川県東讃農業改良普及センター●藤井寿江……36

山裾に立体嫌がらせゾーンをつくる
福井県農林水産部鳥獣害対策課●前田益伸……38

イノシシを山からおろさない **移動式「格子」の撃退具**
千葉県●杉山茂嘉……39

金属音を鳴らす水車 イノシシオドシ 福島県●会田俊一さん……40

硫黄の粉 千葉県●江澤貞雄さん……41

年間五〇頭捕獲の **くくりワナ必勝法**
飛び上がって足を確実に捕捉 **北澤式くくりワナ** 福岡県●小ノ上喜三……42
長野県●北澤行雄さん……44

酒粕だんごの匂いで誘い イノシシ御用
神奈川県伊勢原市農協●加藤 勲……47

イノシシとシカの皮、なめして産地にお返しします
「MATAGIプロジェクト」 山口産業㈱●山口明宏……48

なめし業者に送るまでにやる前処理とは 編集部……50

夏イノシシは皮利用に向いている 島根県●安田 亮……52

シカ編

シカのひみつ 編集部……54

急斜面でのシカ柵設置 金網を地面に長く垂らしてやる
東京都農林総合研究センター●新井一司……55

柵の外に電線一本でシカは跳べなくなる 長野県●菅澤 勉……56

自家用畑に最適、多獣種に対応　**獣塀くんライト**
山梨県総合農業技術センター●本田　剛……57
シカやイノシシを撃退「追い払い君」　長野県●杉山憲一……59
シカが来ない！　**センサー付き爆音威嚇装置**　福井県●中西英輝……60
青色LEDで夜行性害獣を追い払う「シシバイバイ」
福島県●浅間好次……60
スズランテープを巻けば獣はヒノキの皮をはがせない
群馬県●小森谷桂子……61
県がワナを無償配布＋名人の講習会　**シカとイノシシ**
二六〇〇頭を捕獲！　高知県鳥獣対策課●宮崎信一……62
シカ＝マズイはもう古い！　**シカ肉をおいしく食べる方法**
兵庫県●鴻谷佳彦さん……66
獣肉を販売するときの許可・免許・施設　編集部……70
皮は肉よりハードルが低い　北海道●浅野晃彦さん……73
皮はぎ＆解体のポイント……76
シカの角 豆知識　78／**シカ角でつくりました！**　崎尾 進さん／
斉藤三郎さん／野村昌秀さん／森井英敏さん……79
なめし、買い取りを頼める業者情報　編集部……80

サル編

サルのひみつ　編集部……81
サルもシカもイノシシも防ぐ　**私の手作り三次元柵**
滋賀県●石田誠治……82
改良電撃ネット柵と電撃柱でサルに勝った！
滋賀県●石田誠治……84
ロケット花火の発射台に一工夫　編集部……87
ロケット花火で何度でも追いかける、山の上まで追い詰める
山形県●網代忠志……88
パチンコ命中！　サルが悲鳴をあげた　千葉県●竹内 啓……89

鳥になめられない

カラスのひみつ　編集部……92
死角はここだ！　**地上一五㎝のテグスで野菜の食い逃げ完全防止**
大阪府●岡田 正……93
見えない糸＝極細黒テグスにカラスは慌てて退散
福岡県●古野隆雄……95
カラスよけに針金リング、カラス防ぎリング
群馬県●大嶋洋平……97
ビニールハウスに取り付けられる　**害鳥飛来防止装置**
宮崎県●村岡 隆……97
トンビを餌付けして「畑の番人」に　長崎県●竹嶋 巌……98
イネ苗のスズメ対策　佐藤次幸さん／石田卓成さん……100
ここぞというときの「時限爆竹」などの合わせ技で防ぐ
宮城県●太田俊治さん……101
超リアルかかしでスズメ被害ゼロ　長野県●松澤範明さん……103
園地まるごとネットでべたがけ　山口県●山本弘三……104
ミシン糸でぐるぐる巻きミカンにヒヨドリは近寄らない
三重県農業研究所●市ノ木山浩道……106
弾性ポールで鳥よけネットをラクに張る
中央農業研究センター●吉田保志子さん……108
支柱先端のペットボトルで鳥よけネットがラクに張れる
神奈川県●鴨志田政俊……108

ネズミ・モグラになめられない

ネズミのひみつ　編集部……110
水を張ったバケツに米ヌカ、カンタン落とし穴にネズミを誘い込む
長野県●Y・Tさん……111
リンゴの根元にスイセン混植　ネズミを撃退
長野県●大矢今朝喜さん……111
ひとつで五匹捕れる！　塩ビパイプのネズミ捕り
福島県●永井野果樹生産組合……112
簡単トラップで　ネズミ一七〇〇匹捕まえた！
青森県●清野耕司……114
巣箱を設置して　ネズミの天敵＝フクロウを呼び戻そう
青森県●石岡千景……116
ネズミ対策にあの手、この手
今泉忠生さん／成田演章さん／工藤秀明さん……118
手作りネズミ捕り器で驚くほど捕れた　青森県●成田極見……119
〔農薬ニュース〕箱つき遅効性毒のトラップに効果あり
長野県●湯本将平さん……119
モグラのひみつ　編集部……120
もう捕れすぎ！　うちのモグラトラップ
新潟県・中村　厳／静岡県・小田文善……121
モグラの「本道」を板きれ数枚で見つける
近畿中国四国農業研究センター●井上雅央……122
モグラがやる気をなくす畑の作り方　鳥取県●田邊利裕……124

ハクビシン・アライグマ・ヌートリアになめられない

ハクビシンのひみつ　編集部……128
ハクビシンは、ここからハウスへ侵入する
埼玉県農林総合研究センター●古谷益朗……129
ああ、これでブドウが続けられる
ハクビシンを防いだ地上八cmの電気柵　群馬県●高橋宗一郎……132
特技「登る」を逆手にとる　ハクビシン・アライグマに「白落くん」
埼玉県農林総合研究センター●古谷益朗……133
滑って逃げられない　塩ビパイプでハクビシンを捕る
静岡県●寺田修二さん……135
コショウのふりかけでトウモロコシが無傷
福島県●渡辺祥春……135
富岡式簡易電気柵　群馬県農政部技術支援課……135
踏み板の上にキャラメルコーンでアライグマを捕まえろ！
北海道月形町役場●今井　学……136
ヌートリアが思わず入るイカダ式箱ワナ　鳥取県●西村英樹……139
ヌートリアのひみつ　編集部……140
一カ月で五頭捕れるヌートリア捕獲器　兵庫県●崎尾　進さん……141
【図解】ワナで捕獲を始めるには　必要な免許・許可
㈱野生鳥獣対策連携センター●阿部　豪さん……142

執筆者・取材先の情報（肩書、所属など）については『現代農業』および『季刊地域』掲載時のものです

●さくいん（50音順）

イノシシ・シカ・サルに
なめられない

写真はすべて田口正訓氏提供

佐藤ユキヱさん。「今年は鳥獣に負けない畑をつくります」

とにかく諦めない！ 何でもやる

私、しつこさじゃ鳥獣には負けませんから

岐阜県白川町●佐藤ユキヱさん

「ついに私の畑にもやってきた」

去年は全国各地で鳥獣が大暴れした。佐藤ユキヱさんが住む岐阜県白川町は、飛騨川を挟む山あいにあるのだが、今までシカやイノシシの被害といっても山際の他の人の畑にしか出ていなかった。それが去年はあの異常気象のせいか、国道近くにあるユキヱさんの畑にまでやってきたのだ。

ユキヱさんは、シカもイノシシも初めてだからといって「仕方がない」ですませられる性分ではない。「一度植えたものはなにがなんでも収穫しなきゃ気が収まらない」のが直売所名人たる所以である。「もう百姓やめやー」という旦那さんのいうことなど構わず、一人寒冷紗を抱えて夕方の畑に走った。「私、しつこさじゃ鳥獣には負けないですから」

イノシシ

ジャガイモを五回植え直した

四月、まずイノシシが現われた。植えて一週間たったジャガイモを片っぱしから掘り返されて、ビー玉大の小イ

シカにかじられたカツオイラズ。白川町の伝統野菜で、おひたしにするとかつお節がなくてもおいしい

シカに入られた菜っぱ畑。カツオイラズ、コウタイサイ、三陸つぼみ菜などはかじられて、ナバナ、コマツナ、カブ、キャベツなどはかじられなかった。「おひたしにしてほろ苦いものとか辛いものが嫌いなのかしら」

モを一つ残らず食べられてしまったのだ。でも無残に抜かれた株を植え直してみたら、一週間もするとまたちゃんと小イモがついた。するとまたもやイノシシがブヒブヒやってきて、全部掘り返して小イモだけ食べて帰る。それをまた植え直しては掘り返されて、植え直しては掘り返されて……「五回植え直したわよ！」。

最後はいい加減頭に来て、苦土石灰を葉が真っ白になるまで振りかけてから、サンサンネットをべたがけした。苦土石灰は追肥と病気予防にいつも振りかけているけれど、今回に限っては「イノシシがなめたら苦いかな」という気持ちでたっぷりかけてやった。さらに畑の周囲にネットを張って、トタン板も並べて、毛布やらこたつ布団やら、肥料袋までなんでも吊るしまくって中が見えないようにした。これにはさすがのイノシシも諦めたようで、みごと収穫できたのだった。

「他の人は一回やられたらもうイヤになってほったらかすでしょ。だからジャガイモ一個もあらへん」

シカ

夏はマメ、冬は菜っぱをかじられた

次はシカに入られた。七月はアズキの葉を、八～九月はダイズの頭一〇cmをかじられてしまった。マメを植えた畑は人通りも多くて人家も近かったので油断していたのだ。畑の周りを囲んだネットも高さは一m二〇cm。どうやら隣のお茶の樹を踏み台にして簡単に入ったみたいだ。

「早くお父さんに囲いを高くしてもらわなきゃ」と思っていた矢先、旦那さんが山仕事でケガ。そうこうしているうちに十二月と今年の一月にもシカに入られ菜っぱをかじられてしまった。

その後は畑の周りに、スズランテープをめちゃくちゃに張り巡らせ、旦那さんに（ケガが治ってから）竹で柵を高くしてもらったので、それ以来シカは入ってこなくなった。

サル

みんなで棒を振り回して応戦

サルは以前から出没していたのだが、

春、先手必勝の畑づくり

去年はとくにしつこくて、白川町じゅうのカキを食べつくしてしまったという噂だ。現に甘柿も干し柿もほとんどなくて、直売所の秋の売り上げはガタ落ちした。

白川のサルは三十数頭の群れで、一集落に一週間滞在し、食べ散らかしては次の集落に移動するといった行動パターンをとる。しかしユキヱさんたちの住む「新津《しんづ》」は、サルたちにとって「ちょっとやりにくい」集落のようなのだ。

たとえばダイズやアズキなど、ユキヱさんは田んぼに干し場を作って大量に干す。そのマメを狙ってサルは時折やってくるわけだが、サルが干し場に現われてマメを食い始めるやいなや「コラー、このサルめ！」と棒を振り回し飛び出てくる人が必ずいる。ユキヱさんでも旦那さんでもなく、なんと隣のご主人だったり、美容院のお姉ちゃんは、棒きれ振り回し、声を張り上げ、山奥までサルを追っていったりするのだ。

じつはユキヱさん、収穫した野菜はご近所にお裾分けするのが常。料理して持って行くこともよくある。だから干してあるマメはユキヱさんのマメではあるけれど、ご近所にとっても「自分たちのマメ」である。一粒たりとも食べられてなるものかと監視の目を光らせ、いざとなれば飛び出すのだ。

この連帯感、優れた自衛システムである。

「うちのお父さんも、ゴルフの練習に行くとかいって、裏山のサルの通り道に向かってゴルフボールをバカバカ打ちっぱなしてくるの。あれもそうとう効いているわね」

しかし去年はサルによくトマトを持って行かれたそうだ。そこでユキヱさんはスーパーの白いビニール袋を色づき始めたトマトひとつひとつに袋がけしてみた。袋の上は縛って、下には空気穴を開けておく。これだけで結構サルは見落としてくれた。

今年は畑づくりから勝負

さてこの春、畑の準備をするユキヱさんは早くも闘志メラメラだ。去年の経験を活かし、先手必勝でシーズンに臨もうというわけである。

ユキヱさんは、獣がやる気をなくすような畑づくりを考えた。

作戦① やられやすい作物は、やられにくい畑に植える

今年メークインやキタアカリは国道下の畑に植えることにした。ここは車がビュンビュン走る国道と飛騨川の深い谷に挟まれた畑なのでイノシシはまず来れないからだ。

晩生のジャガイモ十勝こがねは、今まで寒ギクをつくっていた家の前の畑に植え付けて、逆にキクはイノシシにやられないだろうから、去年ジャガイモを五回植え直したあの畑に移すことにした。

作戦② マメ類はウコンで囲む

シカが大好きなマメ類の畑の周りには、葉が苦いウコンを植え付ける。シカは囲われた畑に入る前、ネットの隙間から口だけ突っ込んで試食するようなので、ウコンの葉で「ペッペッ、苦いぞ。ここはウコンの畑か」と勘違いさせる作戦だ。それにウコンは株が張るので、中のマメを視覚的に隠してしまうのにもよさそうだ。

作戦③ 寒冷紗やビニールシートでバッチリ囲う

佐藤ユキヱさんの

鳥獣がやる気をなくす畑

家の前の畑

ジャガイモの十勝こがねを植える家の前の畑は、イノシシよけのビニールシート「ハイラーズシート」で囲う

マメ類の周り（外側2面）にシカが食べないウコンを株間30cmで1条植え。ウコン畑と思わせる

去年シカに入られた畑

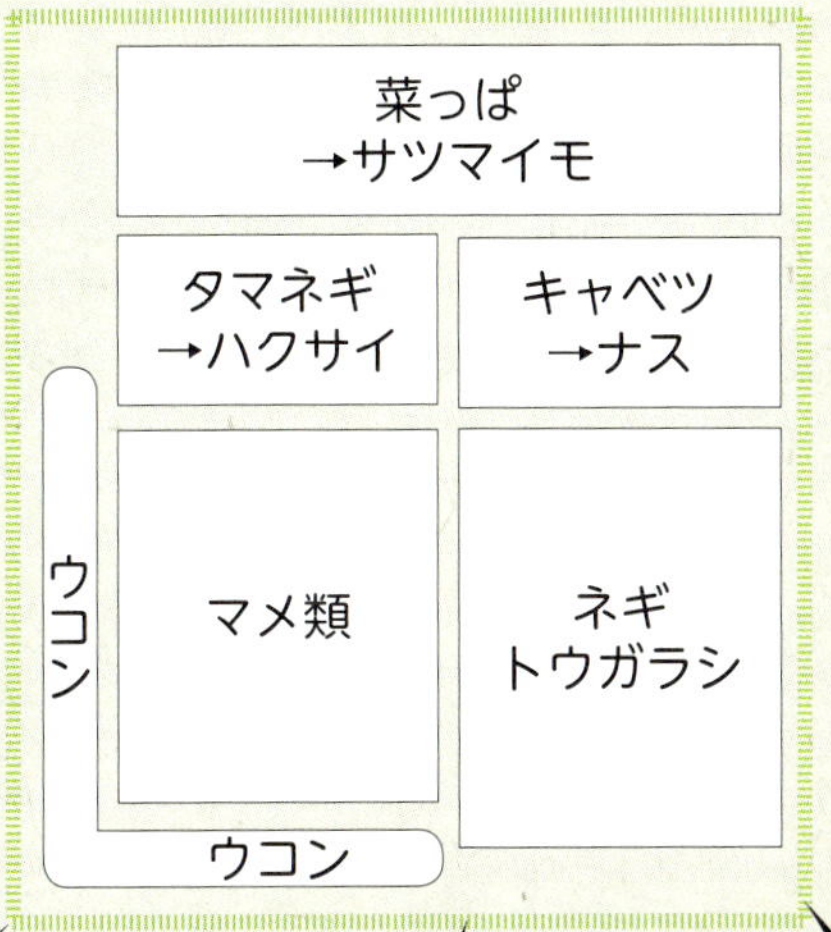

黒マルチで作った鳥よけと、竹で囲いを高くしたシカよけ。また去年、黒豆の中に背丈くらいの棒を立てて帽子と服を着せたらサルが入らなかったので今年もやるつもり

国道下の畑

国道と川に挟まれているこの畑にイノシシやシカは入らない。今年はここにジャガイモとサツマイモを植える

イノシシ対策の寒冷紗。畑の中を見えなくしつつ、裾を広げて下からの侵入を防ぐ。枝のついた細い竹も束ねてネットの下に置き、下からの侵入を防ぐ

奮発して五〇m二万円のイノシシよけのビニールシートを購入したそうだ。園芸用のポールなどを支柱にすれば一人でも簡単に設置ができる。

　春のうちから寒冷紗で周りを囲んで、中を見せないようにもする。寒冷紗は裾を長く外側に垂らすことでイノシシを下から潜らせない。

　寒冷紗やシートが足りないところは、枝付きの細い竹を束ねてバリケードにする。やはりイノシシが潜って侵入するのを防ぐためだ。

　こんなふうに、思いついたことでやれることは何でもやり、あるものは何でも使う。これで完璧ということはないから、手を替え品を替えて、とにかく諦めないことが今回の作戦のカンドコロのようだ。

「さて、どうなることですかねぇ」

　いよいよ第二ラウンドの開始である。

現代農業二〇一一年四月号

イノシシのひみつ

食べもの

- 雑食。クリやドングリ、タケノコ、クズ、イモ類、マメ類、イネなどは大好き。地下茎や根っこを好んで掘り起こして食べるが、青草もたくさん食べる。ミミズやサワガニ、タニシ、カエルなどの動物も食べる

（提供：小寺祐二）

繁殖

- 1～2月頃が繁殖期。オスがメスを求めて活発に移動する
- 120日程度の妊娠期間を経て、5～6月頃に平均4頭産む
- お産に失敗したり子供を失ったメスは、秋にもう一度産むこともある

行動

- お母さんを中心とした母系グループをつくる。10頭前後の群れが多いが、ときに20～30頭の群れが目撃されることも。オスは1頭で行動していることが多い
- 季節によって行動圏が変わる
- 行動圏内に複数のヌタ場をもつ
- 年によって出没状況に差があり、山にドングリがたくさん実る年は集落周辺に出没しにくくなる
- 警戒心がとても強く、臆病。通い慣れた獣道をたどって移動する
- 助走なしで1mの柵を飛び越すほどのジャンプ力。20㎝のすき間があればくぐり抜ける
- 学習能力はサルなみ。記憶力もいい

簡単！ 不思議！ 不織布で覆うとイノシシから見えない!?

和歌山県湯浅町●外江素雄

私は野菜の有機栽培をしています。ミミズやモグラが地中に多くいるためか、ひどいときにはイノシシの掘り返しで畑一帯が空襲で爆弾を投下されたような惨状になったこともありました。

対策を考えているとき、ふと以前本で「イノシシは目で確認できないものには突進しない」という記述があったのを思い出しました。そこで、園芸用の不織布シートで作物を覆う方法を考えつきました。

イノシシの一群が一晩じゅう当畑地内を掘り返し続けていたのではないか、と思われるひどい荒らされ方をした朝でも、不織布をかけているウネだけは何事もなく残っていました。二年間続けていますが一度も掘り返されたことはありません。

やり方は簡単です。作物を定植したら不織布でトンネルをかけるか、作物の上に直接不織布をかぶせておくだけです。注意点は、風で不織布が飛ばないように裾をしっかり留めておくことです。害虫よけも兼ねることができます。

イノシシの好きなジャガイモはもちろん、ダイコン、キャベツ、ホウレンソウ、カブトムシの幼虫を育てているシイタケの使用済みホダ木など、すべてこれで守れています。

現代農業二〇一一年四月号

手前の畑は跡形もなく掘り返されたが、奥の不織布をかけたサツマイモ畑はまったく掘り返しの跡はない。ワイヤーメッシュをかぶせてあるが、風でめくれなければどんな押さえでもいい。くれぐれもイノシシにバレないようしっかりと覆っておくことが大切

タケノコを掘り上げるとき、不織布では破れやすいので、防虫ネットを敷いている。敷いていない場所はいたる所、掘り返されている

イノシシを防ぐにはトタン柵がイチバン

島根県美郷町●畑ヶ迫カズエさん

トタンの外側が草ぼうぼうだとダメ。イノシシの潜み場になって破られやすくなるよ。うちの集落、年５～６回はナイロンカッターの草刈り機で村じゅうきれいに刈るんだ

私はイノシシを防ぐにはトタンが一番だと思うんだよね。うちの集落は何もしなければ必ずイノシシにやられるところだけど、トタンで囲った私の畑は全然入られたことがないよ。ジャガイモやサツマイモとか、イノシシが大好きな作物を植えていても大丈夫。

トタンは最初に張るのがちょっと面倒だけど、一度しっかり張ってしまえばあとの手入れはラクだよ。電気柵はちょっと草が伸びて電線に当たると効果が弱くなるでしょう？　トタンは少しくらい草が伸びても平気だし、丈夫だから長く使える。

トタンを張っても破られた？　それは継ぎ目をしっかり留めてなかったからじゃないかね。イノシシはすごい力で押してくるから、いい加減に留めてると壊しちゃうよ。

私は竹でつくった杭を、継ぎ目の裏表に二本一組で打って、トタンのすぐ上をビニールひもでしっかり結わえる。九尺の長いトタンなら、継ぎ目と継ぎ目の中間にも杭を打つ。

イノシシは柵を飛び越えることはようせん。でもそのかわり、ちょっとでも下にすき間があるとぐいぐい持ち上げるからね。とくに、斜面はトタンと

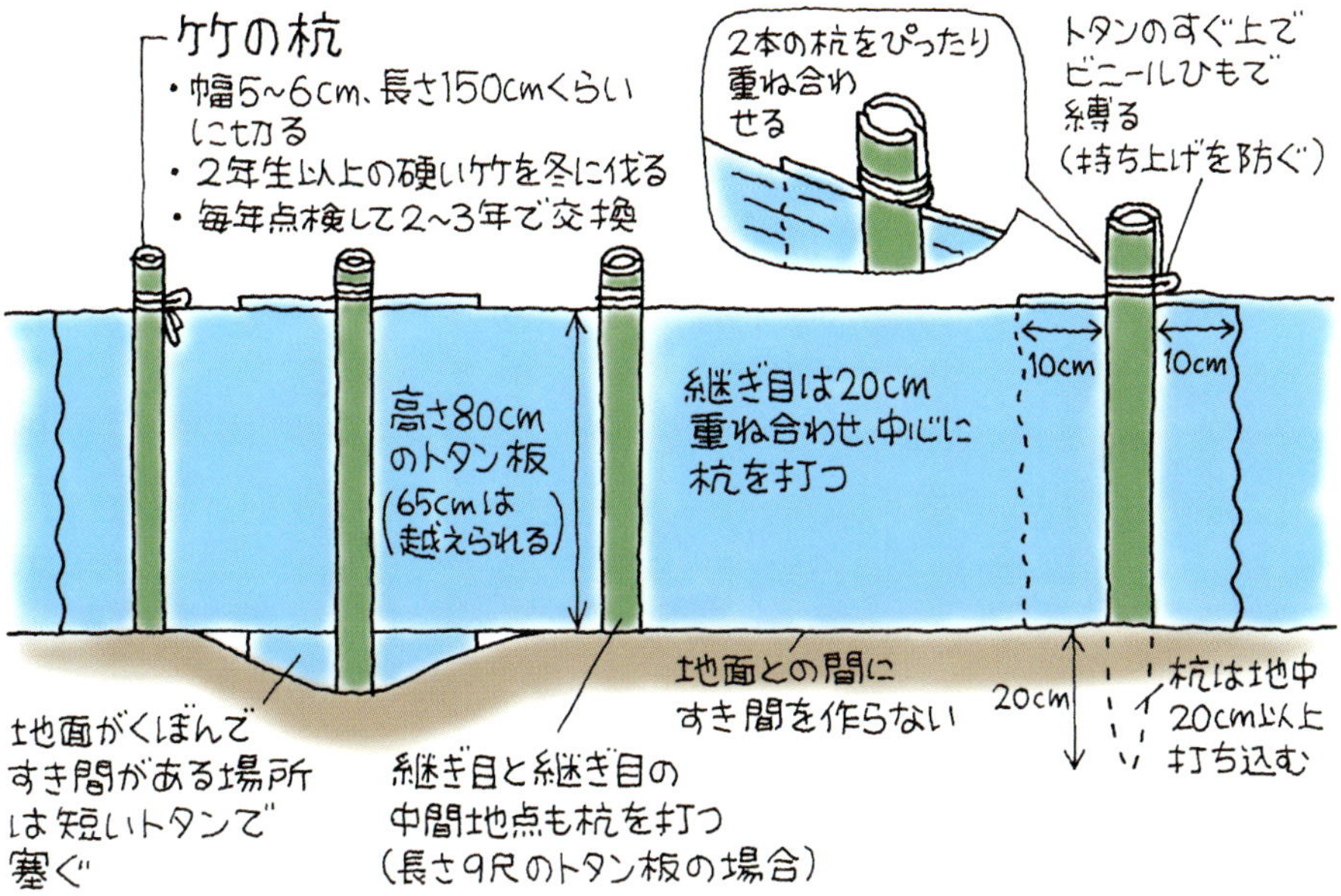

美郷町の田んぼのトタン柵。イノシシの掘り返しを防ぐため、冬も撤去しない。冬の強風で倒れないように、杭どうしの間に横木を渡して強度を高めた

地面との間にすき間ができやすくて危ないんだよ。そういうところはトタンを斜めに入れて塞いでやるといい。

現代農業二〇一一年四月号

獣害柵
条件に合わせた柵選び、設置術

山梨県総合農業技術センター●本田 剛

柵は万能ではない!?

今回は柵の種類や規格に関する話ですが、その前に、そもそも柵に期待できることとは何かを考えてみましょう。

一般的に柵といわれてイメージするのは「壁のような障害物によって動物の通行を完全に妨げるもの」でしょう。確かに、動物園やサファリパークにある檻・電気柵はこれに該当します。これがもし不完全で、猛獣が逃げ出し、ヒトに危害を加えるようなことになれば、大事件なり大事故となります。では、獣害対策で使われる柵はどうでしょう。農家が期待する柵の効果は動物園やサファリパークと同じく「完全に動物を通れなくするための壁のようなもの」でしょう。ただ、はたしてこのようなものを集落につくることができるでしょうか。

動物園と集落の違いを考えてみると、求められる効果のレベルが違うわけです。「絶対に越えられてはならない柵」と「越えられないほうがよい柵」の違いです。このように書くと、「せっかく高い金をかけてつくった獣害防止柵が、『越えられないほうがよい』などといえるわけがない」と怒る方がいらっしゃるかもしれません。でも考えてみてください。集落を柵で囲おうとしても河川や道路までは封鎖できません。集落の内外を結ぶ電線や電話線も地中埋設されていない場合のほうが多いでしょう。サルやイノシシは河川や道路から集落に入ってきますし、サルは電線を伝って集落へ入ってきます。これら侵入経路をすべて除去することはほとんど不可能です。集落はそもそも「ケモノの侵入を防止するように設計されていない」のです。

倒木で柵が破壊。柵の設置場所を考える必要がある

柵の欠点は人間が補えばいい

さてこのように考えると、獣害防止柵は万能でないから、完全な効果を望

金属ネット柵

長方形ネット

六角形ネット

獣害対策に使われる金網の網目は、長方形か六角形がベスト。金網の柵で囲ったのだから、以後は管理をしなくても効果が得られると誤解する農家もいるようですが、この柵も管理が必要です。

放置していると、イノシシなどが柵の下を掘り、トンネル状の出入り口をつくることがよくあります。除草を怠った際にはこのトンネルを見つけることさえできず、対処が不可能となります。長年除草しなかった柵の周囲には低木が繁茂し、柵に沿って歩くことさえできません。

菱形ネット

駐車場などを囲うために使われる金網。菱形の金網は強度が低く、一部が破損すると、その開口部が拡大しやすいような編み方になっているので、獣害用に用いるべきでありません。

ネットに＋線と－線が交互に編まれているので、柵の下部にも通電部があります。また、電気ネットは表も裏も同じ構造をもっているため、獣が侵入する時と脱出する時に同じように電気刺激を与えられます。

効果が高い反面、草の接触による漏電が発生しやすい欠点があります。漏電防止のためには除草が必要となりますが、刈り払い機を使用すると誤ってネットを切断したり、刈り払い機のナイロンコードがネットに絡まるなど、作業上の欠点もあります。

むべきでないということがわかってきます。柵は「ケモノの侵入を防止する一つの手段」に過ぎないので、他の手段と一緒に用いる必要があります。

しかし、柵の短所・限界は人が補うことができます。サルが道路から集落へ入るなら、道路に門扉をつけたらいかがでしょう。県道や国道のように交通量が多く、門扉を設置できない場合は、封鎖できない道路をケモノの追い払い時の待ち伏せ場所にできそうです。集落内で追われ、道路から逃げようとしたサルに対し、待ち伏せしてロケット花火やエアガンを撃つといった効果的ないやがらせができます。

もう一度繰り返します。柵は万能ではありません。でもその欠点は人が補えるのです。まず、さまざまな柵の特徴を紹介します。ただし、どの柵にも「柵の限界」があります。このことを念頭においたうえで、お読みください。

現代農業二〇〇九年九月号

管理労力	管理内容					
	柵の下部修繕	ネット破損修繕	雑草漏電管理	門扉開閉	道路・河川包囲	管理経費
中	中	易	ー	易	難	中
多	中	易	中	易	難	中
甚	難	難	難	中	難	中
多	中	易	難	中	難	中

電気柵

金属ネット＋電線

金属ネットの上部に電線を3、4 本追加した構造のため、ケモノが上まで登って初めて感電します。電線部分が忍び返しになっていることが多く、山側からはサルに侵入されにくい構造をしていますが、侵入された後は忍び返しの部分を足場にできるため容易に脱出できるという欠点があります。

ネット型（非金属）

農家でも設置が可能

ネット型（金属）

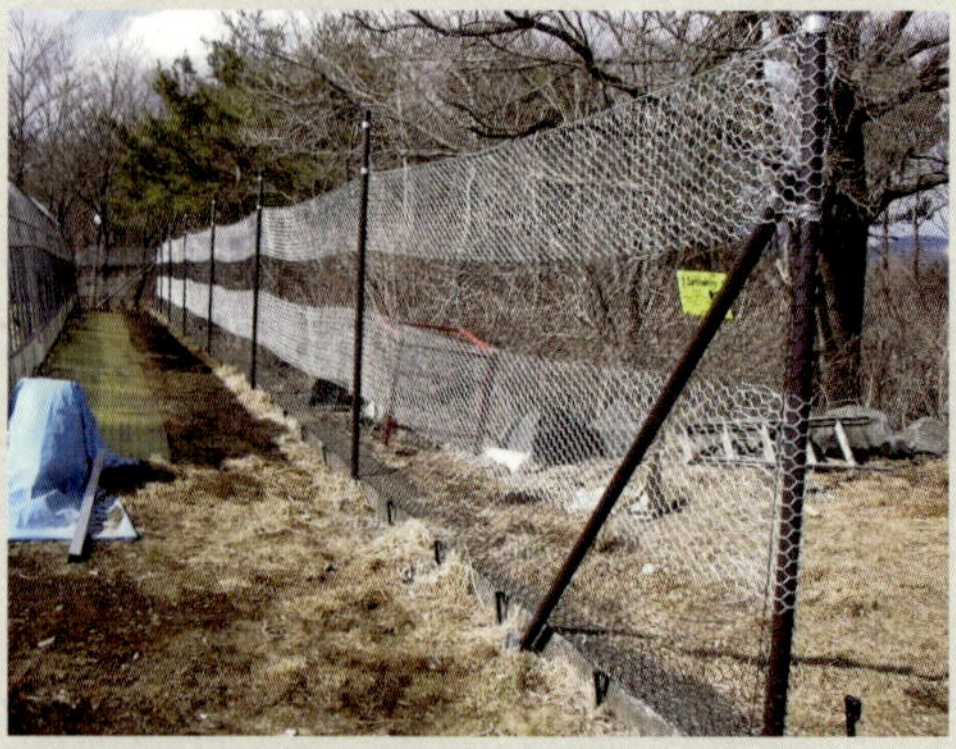

高価だが、金網の強度と電気の効果を併せ持つ

防護柵の種類ごとの特性

		高さ（cm）	資材費の一例（円/m）	自主施工	獣に対する効果			
					サル	イノシシ	シカ	クマ
金属ネット柵		150～230	2,000	難	×	◎	◎	×
電気柵	金属ネット＋電線	160～230	4,000	難	○	◎	◎	◎
	ネット型（非金属）	200前後	2,000	易	◎	◎	◎	◎
	ネット型（金属）	200前後	3,000	難	◎	○	◎	◎

柵のお勧め設置法

トタンや木材で、柵を補強

柵の下にすき間があると、イノシシは穴を掘って侵入してしまいます。下にトタンを追加設置したり、木材で固定すると効果的です。柵の弱点を補ういい例です。

柵の横に軽トラが通れる管理道路を

里側に管理用の仮設道路をつくっています。電気柵がショートして修繕する場合、その場所を特定するだけでもたいへんな作業です。1つの電牧器が1km程度の通電を賄っている場合、その範囲を一通り確認しなくてはいけませんので、歩いて探すのはやっかいです。軽トラックが通行できる範囲で仮設道路をつくっておけば、この点検作業は容易になります。また、柵の周囲を除草する場合も、トラックの荷台に動力噴霧器と農薬のタンクを積んだまま作業できるため便利です。これはなるべくまねたい事例です。

コンクリートの水路に沿って設置

柵の山側に水路が存在するため樹木はなく、柵の下はコンクリートなのでイノシシに掘られる心配もなければ、草が生えてくることもありません。柵を点検するために柵に沿って歩くことも容易です。
どこの集落でもできるという工夫ではありませんが、これから柵を設置しようとする集落は、同様の工夫ができないか確認してみるとよいでしょう。

囲み・覆い用資材は組み合わせて強化

1種類だけでは頼りなくても、2つ以上の資材を組み合わせると何倍もパワーアップ！
複数の動物にも対応できるようになる。

トタン＋テグスネット ➡ イノシシ サル に

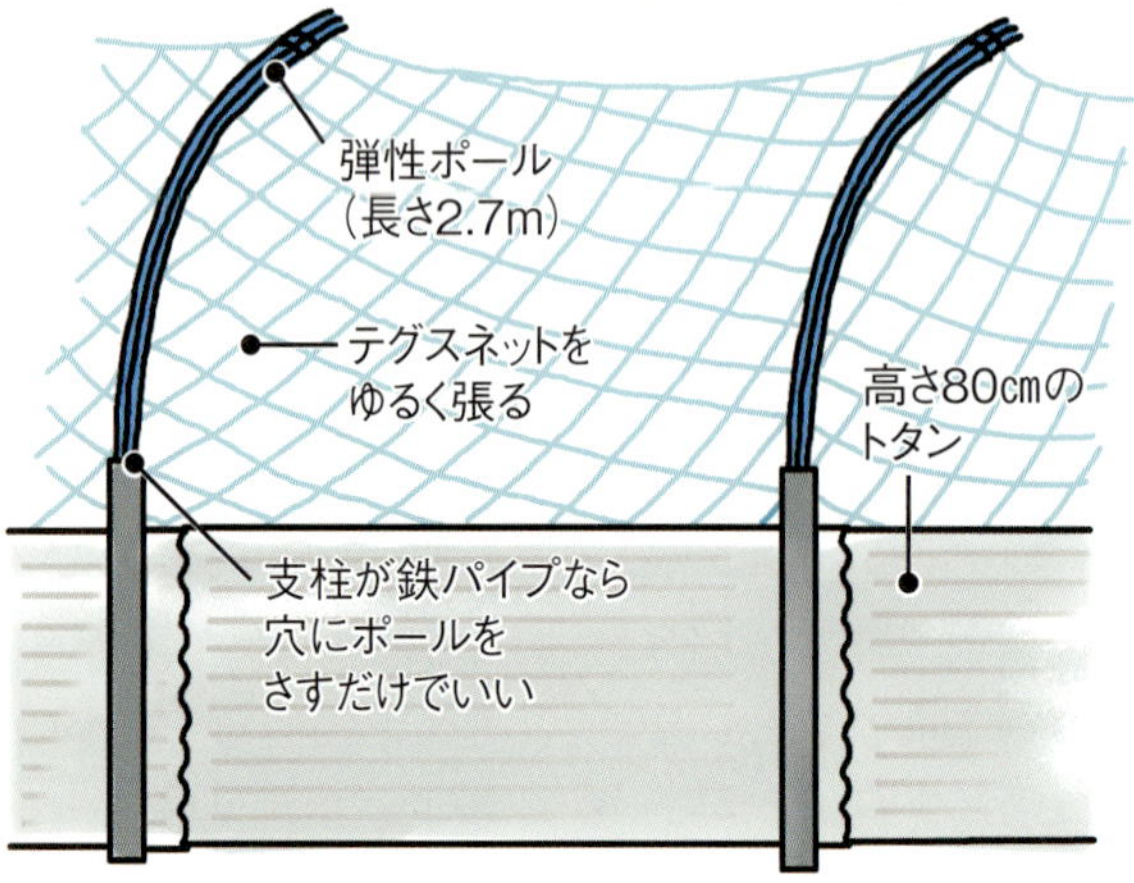

※サル用ネット柵「猿落君」の応用。
詳しい張り方は単行本『山の畑をサルから守る』参照。

トタンでイノシシを防いだけど今度はサルが来た、というときは上によくしなるようにネットを足す。

ポイント

- サルには細くて手足に絡みやすいテグスネットが向く
- 子ザルが通り抜けないように、ネットの目合いは5cm以下

黒寒冷紗＋イノシシ用ネット ➡ イノシシ シカ に

黒寒冷紗で畑を隠して侵入意欲を減らし、前にネットを垂らして柵に近寄らせずシカの飛び越しも防ぐ。

ポイント

- ウリ坊がすり抜けないように、ネットの目合いは10cm以下（ステンレス線入りがかみ破られにくい）
- 下をくぐろうとするのでネットの裾は地面に固定するかおもりをつける

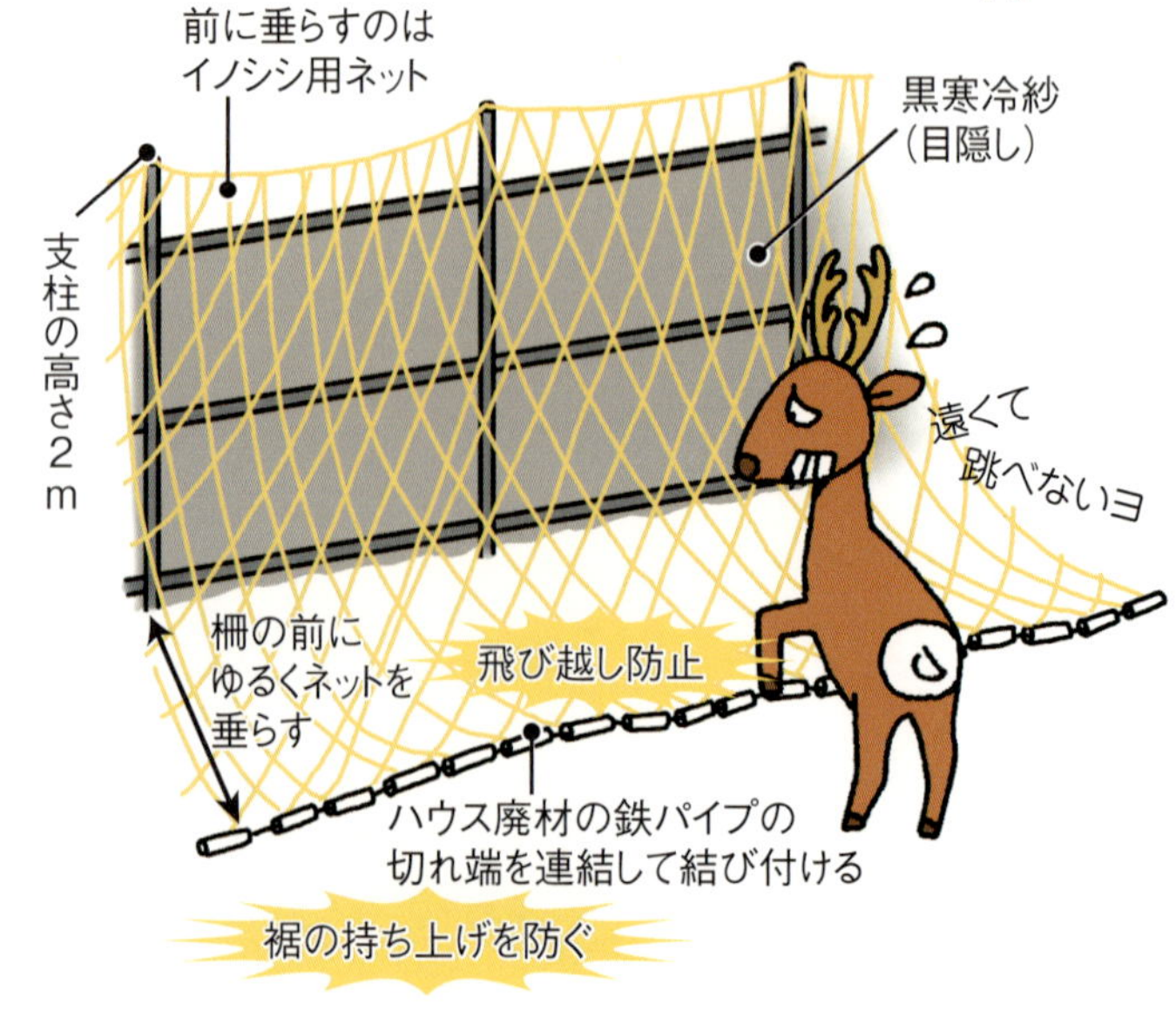

ワイヤーメッシュ＋防鳥ネット ➡ イノシシ シカ に

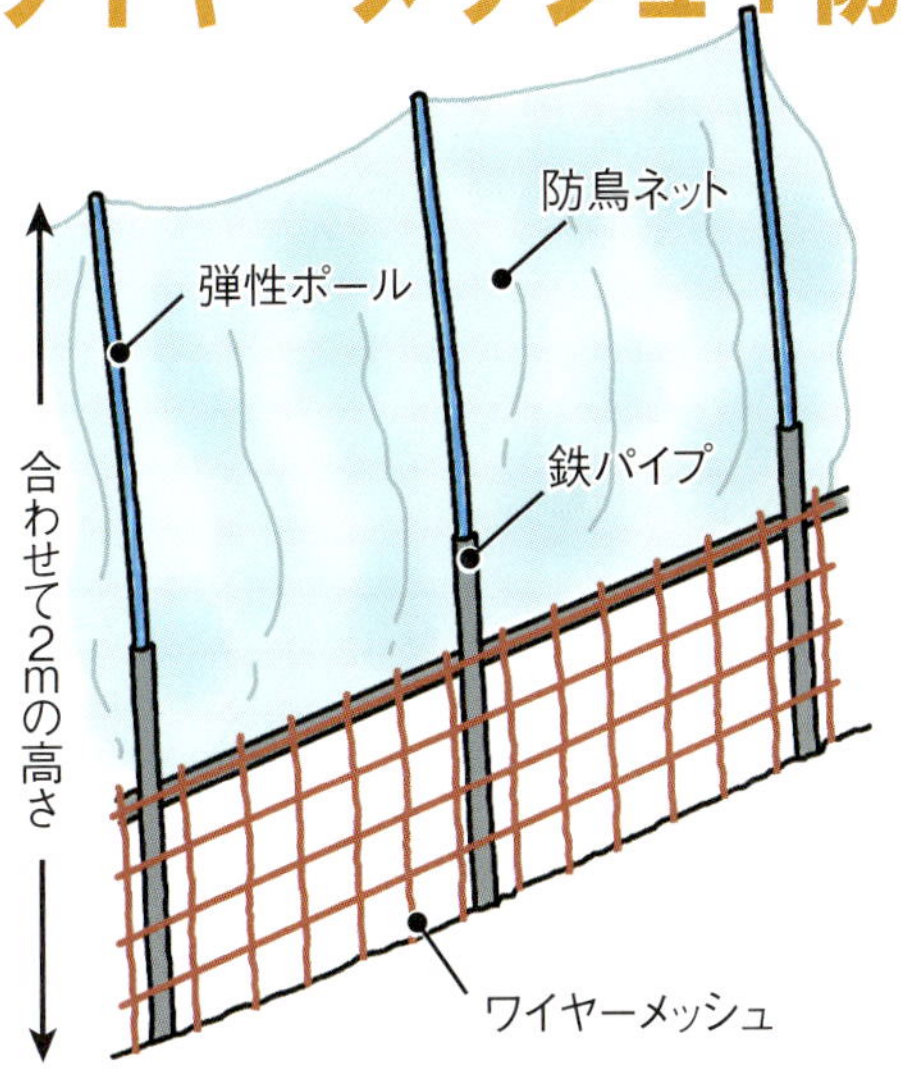

弾性ポール（30ページ）を使えば、脚立なしでシカが飛び越せない2m高さまでネットを足すことができる。

ポイント

- 重いネットは弾性ポールでは支えられないので、軽い防鳥ネットなどを使う（目合いが細かいとかまれにくい）

ワイヤーメッシュ＋のり網＋電気ネット＋アニマルネット ➡ サル イノシシ シカ 小動物

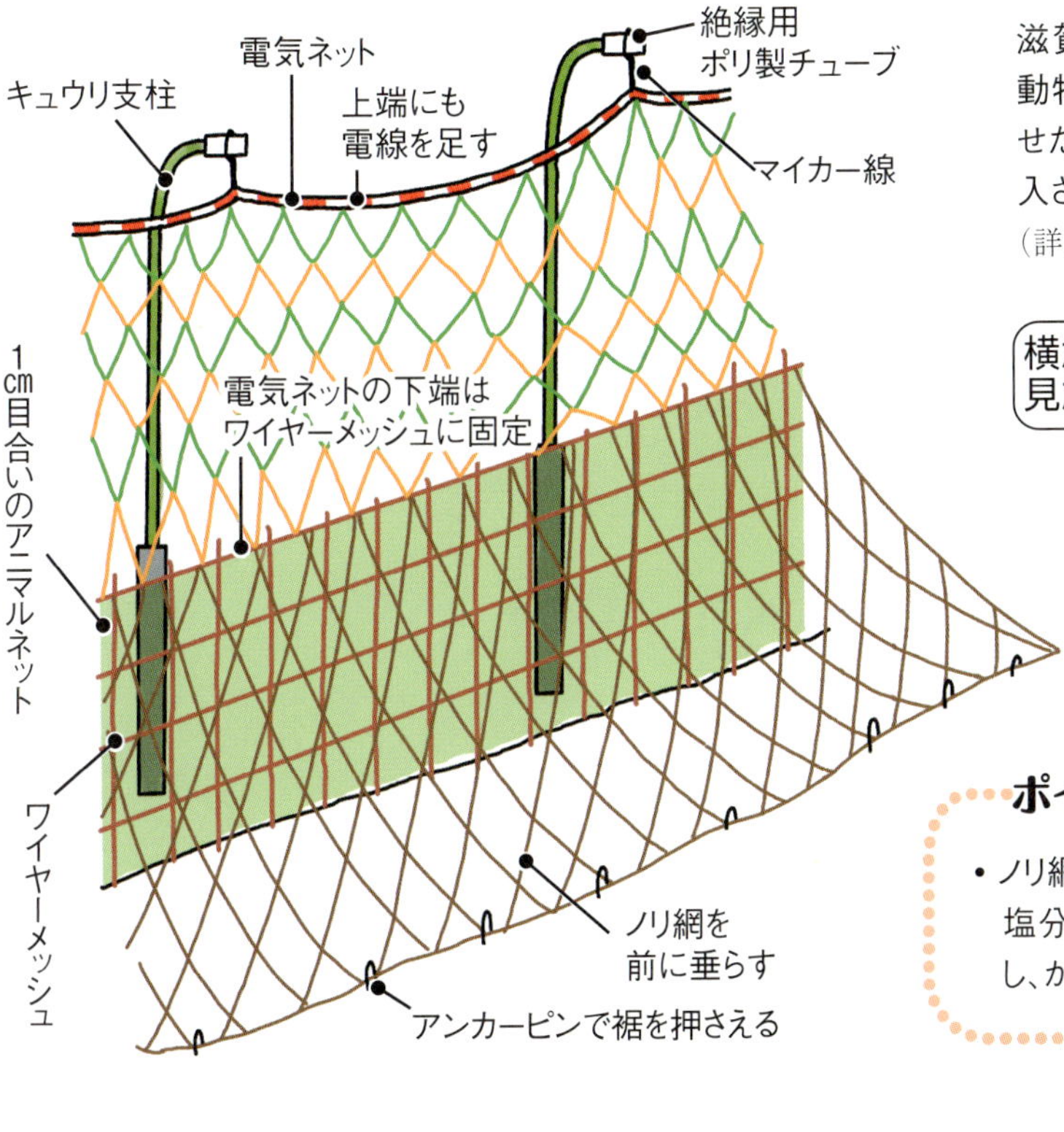

滋賀県の石田誠治さんが多種類の動物対策のため数年がかりで進化させた柵。この形にしてからはまったく侵入されなくなった。

（詳しくは84ページ参照）

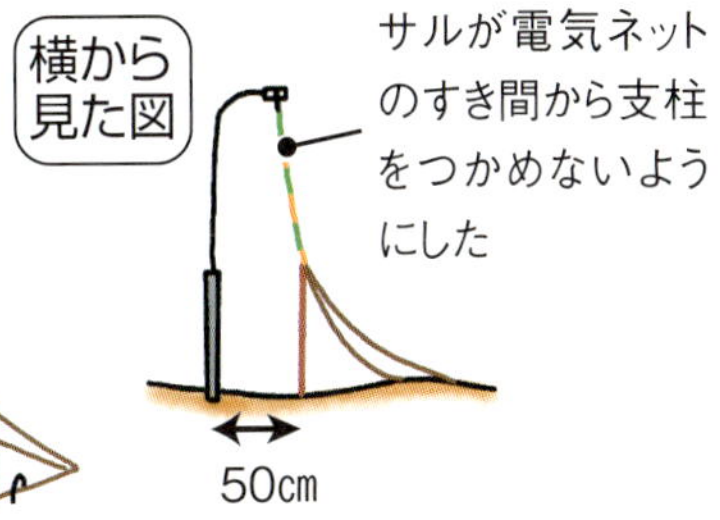

ポイント

- ノリ網はよく洗浄したものを使う（塩分が残っていると動物を誘引し、かみ破られやすくなる）

現代農業2011年4月号

電気柵のしくみと上手な使い方

イノシシなどの田畑への侵入を防ぐためによく使われる電気柵は、電線に触れた動物に電気ショックを与える。電気柵のしくみから上手な使い方までまとめてみた。

電気柵の電気ショックのしくみ

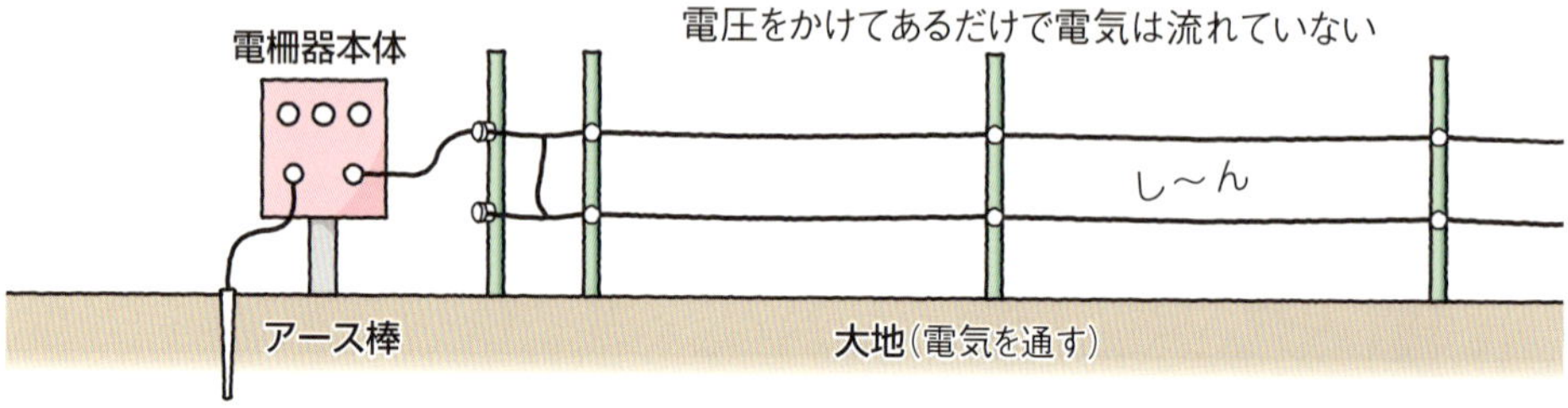

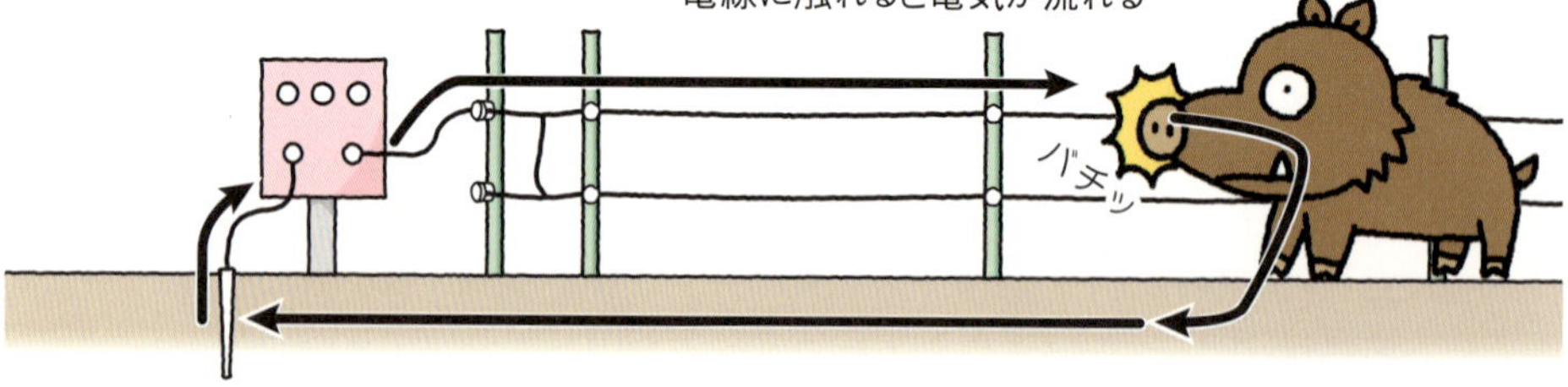

電柵器本体からつながれた電線には、4000V以上の高い電圧をかけてある。でも電線と地面がつながっていなければ、電気(電流)はどこにも流れていない(電線に止まった鳥が感電しないのと同じ原理)。動物が電線に触れて初めて、高圧の電流が動物の体を通って足から大地に流れ、アース棒を通って本体に戻るので、この時動物は強烈な電気ショックを感じる

電気柵各部の名前と役割

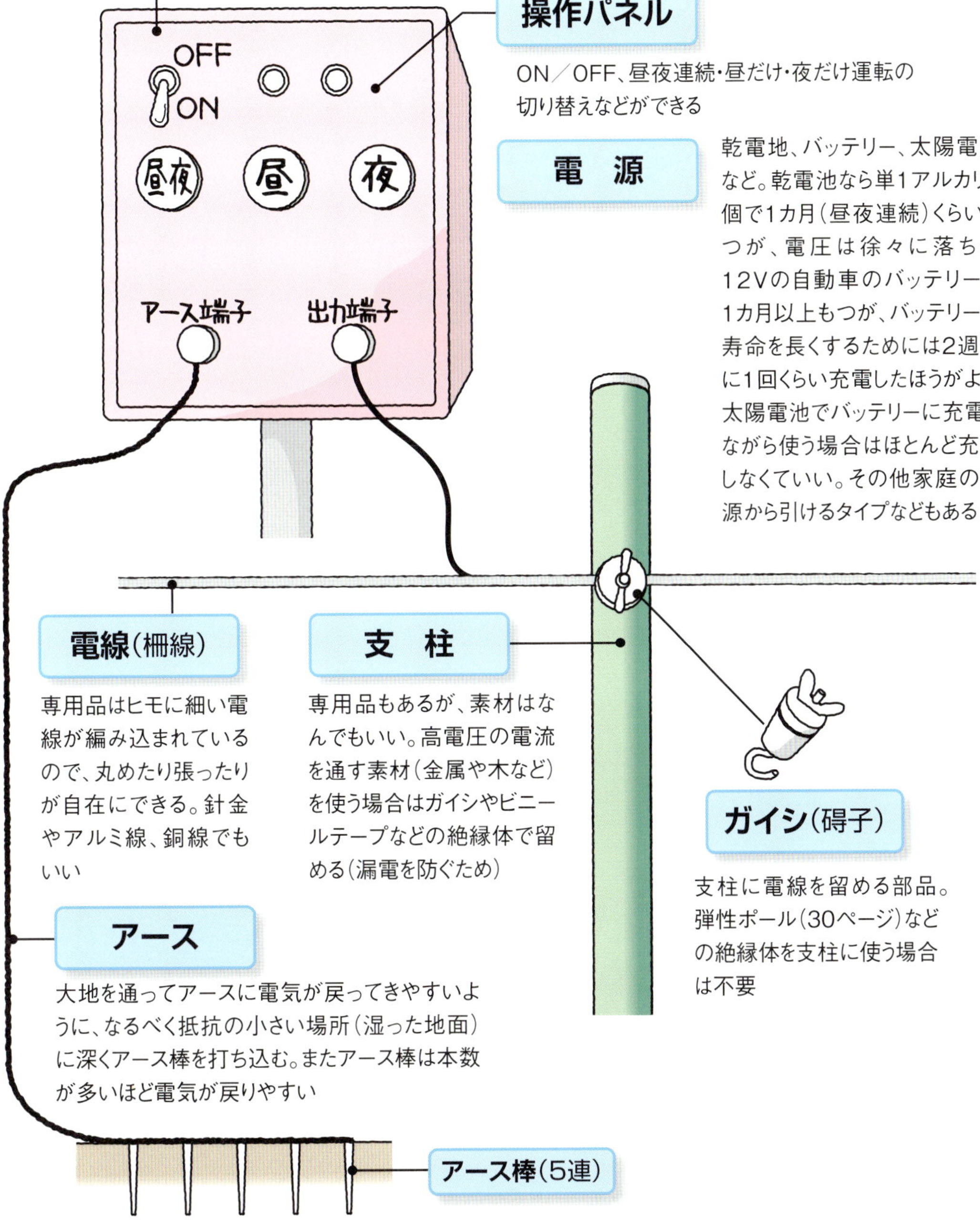

電柵器本体

電源から電圧を4000〜1万Vに高めて、0.5〜1秒に1回の一定間隔で電線に高電圧をかける装置

操作パネル

ON／OFF、昼夜連続・昼だけ・夜だけ運転の切り替えなどができる

電　源

乾電地、バッテリー、太陽電池など。乾電池なら単1アルカリ8個で1カ月（昼夜連続）くらいもつが、電圧は徐々に落ちる。12Vの自動車のバッテリーは1カ月以上もつが、バッテリーの寿命を長くするためには2週間に1回くらい充電したほうがよい。太陽電池でバッテリーに充電しながら使う場合はほとんど充電しなくていい。その他家庭の電源から引けるタイプなどもある

電線（柵線）

専用品はヒモに細い電線が編み込まれているので、丸めたり張ったりが自在にできる。針金やアルミ線、銅線でもいい

支　柱

専用品もあるが、素材はなんでもいい。高電圧の電流を通す素材（金属や木など）を使う場合はガイシやビニールテープなどの絶縁体で留める（漏電を防ぐため）

ガイシ（碍子）

支柱に電線を留める部品。弾性ポール（30ページ）などの絶縁体を支柱に使う場合は不要

アース

大地を通ってアースに電気が戻ってきやすいように、なるべく抵抗の小さい場所（湿った地面）に深くアース棒を打ち込む。またアース棒は本数が多いほど電気が戻りやすい

アース棒（5連）

設置の鉄則

鉄則1　動物の鼻の高さに電線を張る

動物は体毛のある部位で電線に触れてもほとんど電気ショックを感じない。体毛が生えていない鼻先から足の裏にかけて電気が抜けた時に強いショックを感じる。動物の種類によって鼻の高さに電線を張るのが鉄則だ

シカは飛び越えもするが、下からくぐり抜けようともするので、20〜150cmまで5段くらいは必要。下の段の電線の間隔を狭くする

サルはよじ登るので電気ショックを受けない(地面に足がついていないので電気が流れない)。**電気ネット**や、アースを電線と平行に張るなどが有効

鉄則3　ガイシは柵の外側につける

ガイシが内側についていると、電線に触れずに支柱を倒せる

鉄則2　支柱はアスファルト近くや乾いた土の上に立てない

アスファルトや乾いた土の上だと電気が抜けにくくショックが弱くなる

電気柵の

鉄則4 凹凸部や傾斜地では支柱をたくさん使う

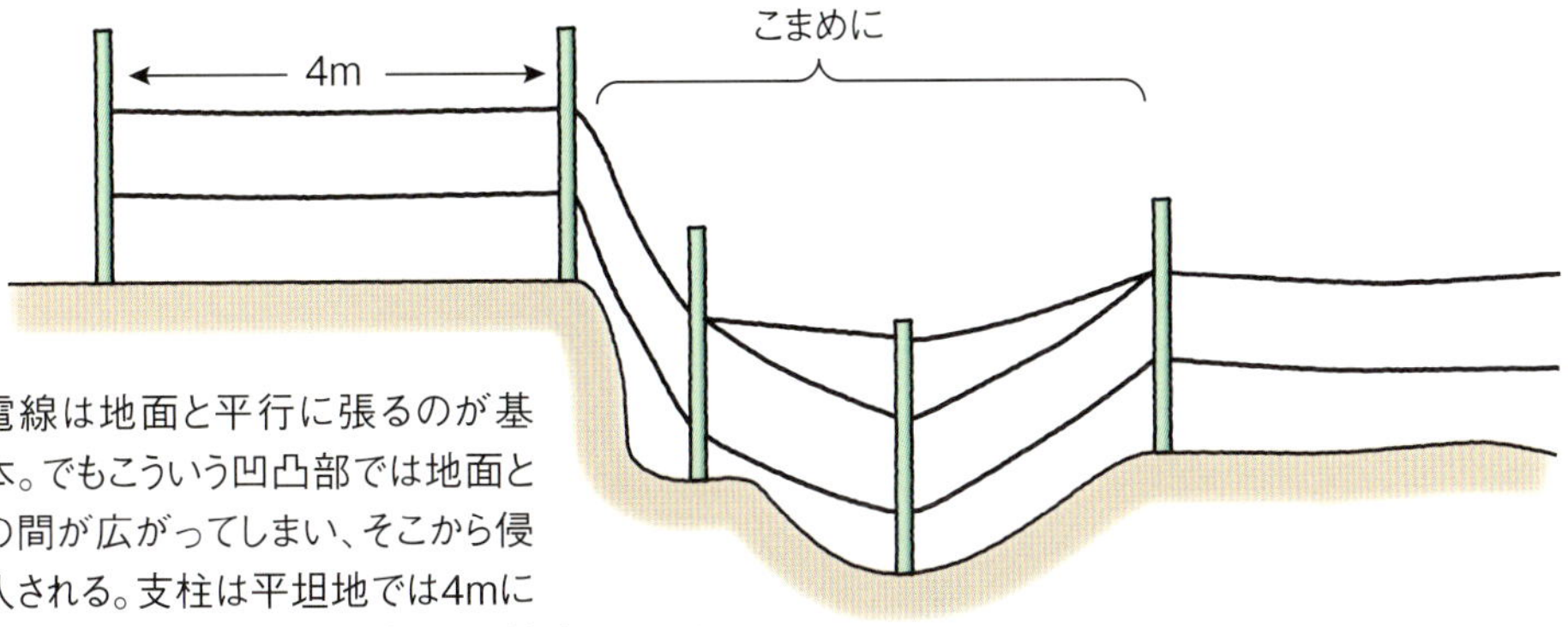

電線は地面と平行に張るのが基本。でもこういう凹凸部では地面との間が広がってしまい、そこから侵入される。支柱は平坦地では4mに1本くらいでいいが、凹凸部や傾斜地ではたくさん使って隙間を開けすぎないようにする

鉄則5 漏電させない草管理

草が伸びて電線に当たると、動物が電線に触れていなくても大地と電線がつながって電気が流れる。草は電気を通すけれど流れにくい(抵抗が大きい)のでそれほど多くはないが、少しずつ電気が漏れる状態になる(漏電)。電線に当たる草の本数が多いほど漏電は多くなって、その分電気ショックは弱くなってしまう。こまめな点検と草刈りで防ぐこと

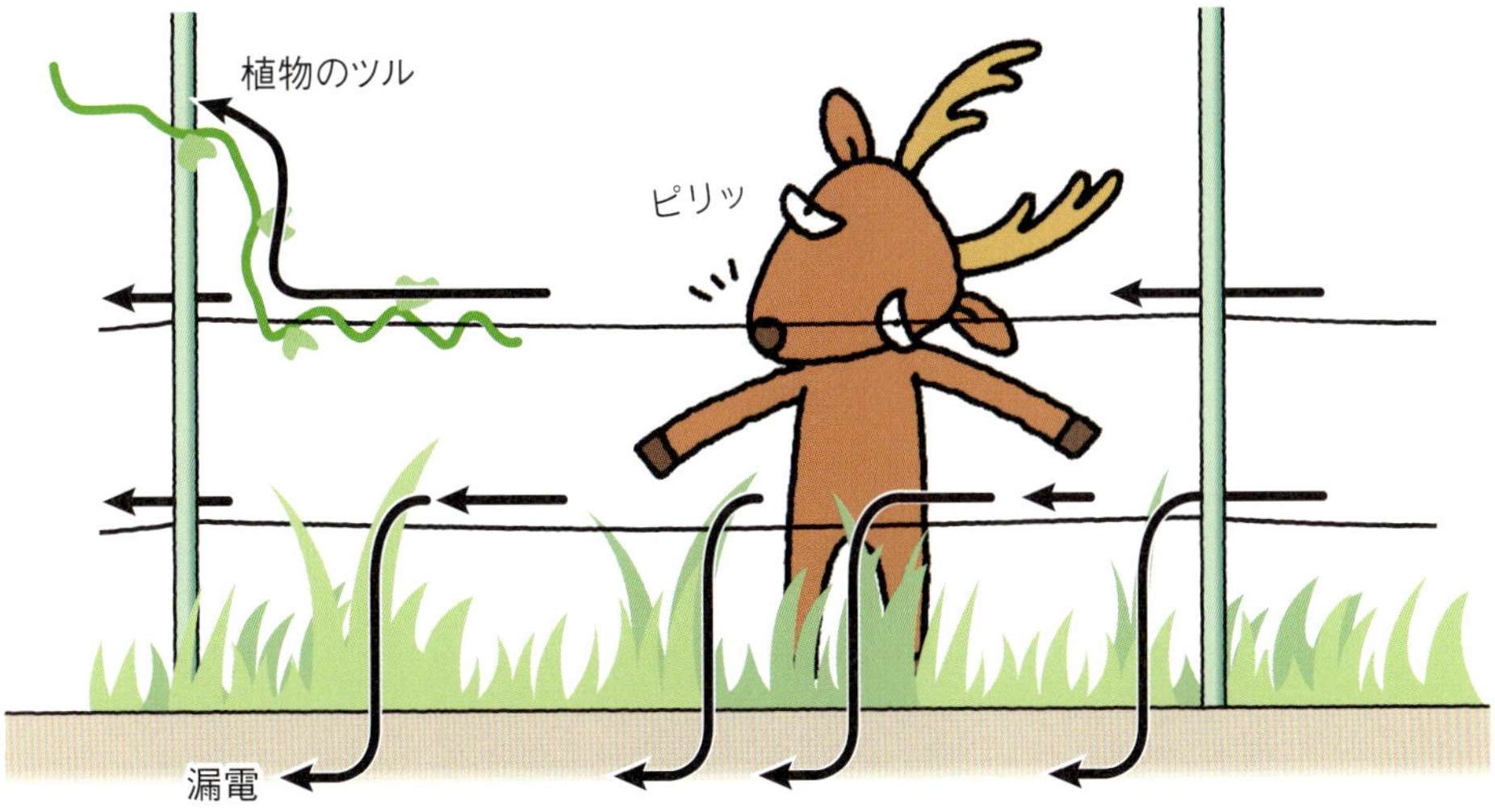

現代農業2011年4月号

弾性ポールを使って電気柵自由自在

近畿中国四国農業研究センター●井上雅央《まさてる》さん

弾性ポールで「おしゃもじ電柵」を製作中（すべて大西暢夫撮影）

「弾性ポール」（商品名ダンポール）は、トンネル栽培のときに使うクネクネ曲がる支柱だ。一見頼りないけれど、電気柵専用の支柱よりぐっと安いし、かゆいところに手が届くスグレモノ。使いこなしのコツを井上雅央先生に教えてもらおう。

井上雅央さん。「畑に動物を餌付けせんように、雪が解けたらすぐ獣害対策はじめてくださいね」

弾性ポールの魅力①
安い！

いろんな長さがあるが、電気柵作りに便利なのは1.5m、3m（太さは6.5㎜のもの）。1本75～120円程度と安い。

弾性ポールの魅力②
直接電線を張れる

弾性ポールの芯はグラスファイバーという極細のガラス繊維。電気を通さない絶縁体なので、直接電線を結びつけても漏電しない。少なくとも6～7年はもつ。

弾性ポール電気柵の電線の張り方

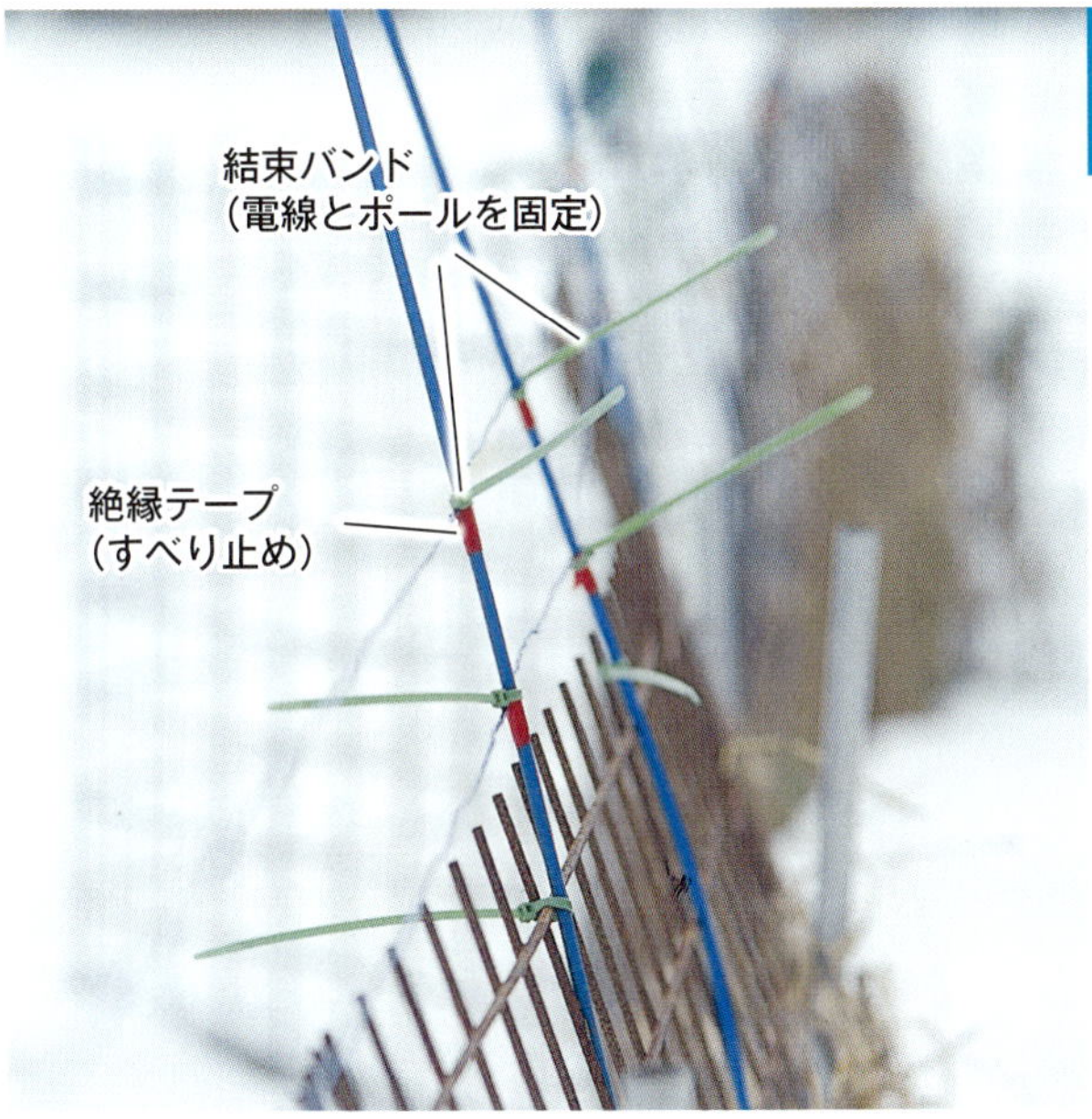

電線の固定にはケーブル用の結束バンド（1本5～10円）を使う。2段張りでも支柱1本にかかる費用は140円くらい。これが電気柵専用の支柱だと1本400～500円、ガイシは約100円。2段張りだと支柱1本につき600円くらいはかかってしまうところ

いちばんシンプルなアーチ形電気柵

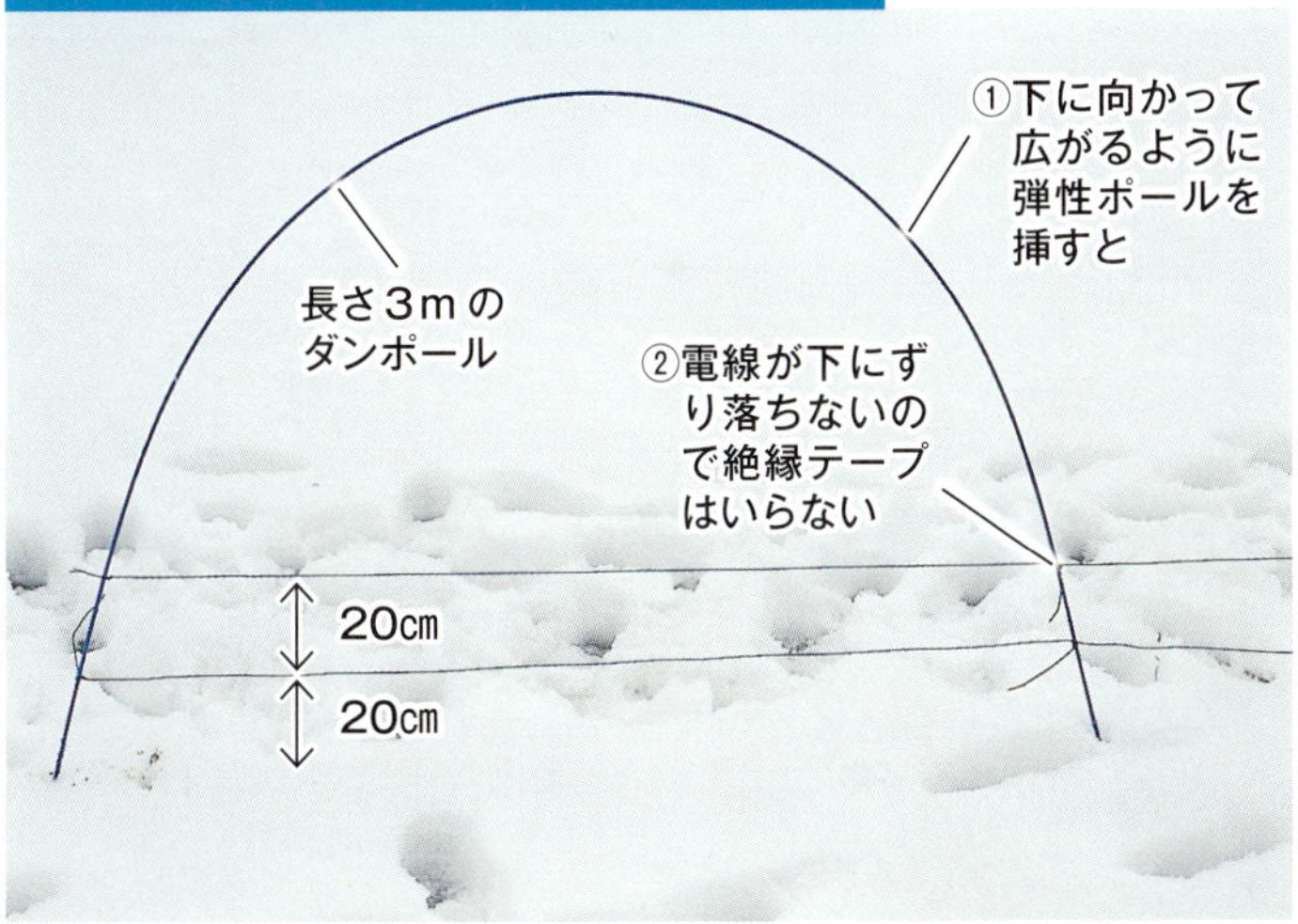

電線を張るだけならこれで十分。弾性ポールは3～4m間隔で設置。写真は対イノシシ用。土が軟らかい場所は太い弾性ポールを使うと安定する。逆に土が硬い場所は細いものを使うと挿しやすい

弾性ポールの魅力③
ぐにゃぐにゃ曲がる

細長いアーチ、幅広いアーチ、おしゃもじ形など自由自在。曲がる性質を生かして猿楽君などのネット柵も作れる。

弾性ポール こんな使い方もできる

ワイヤーメッシュ柵の補強

「ワイヤーメッシュ柵でイノシシは防げるようになったけど、今度はシカやサルやタヌキやハクビシンまでやってきた。どないしよ。そんなときは弾性ポールで電気柵を足せばいいんです」と井上先生。

＊ワイヤーメッシュ…鉄線を縦横に溶接した丈夫な金網

①上にサル・シカ用の電線を足す

3mの弾性ポールを縦長のアーチ状に曲げて挿し、高さ1.2mの位置に電線を張る

②下に小動物用の電線を張る

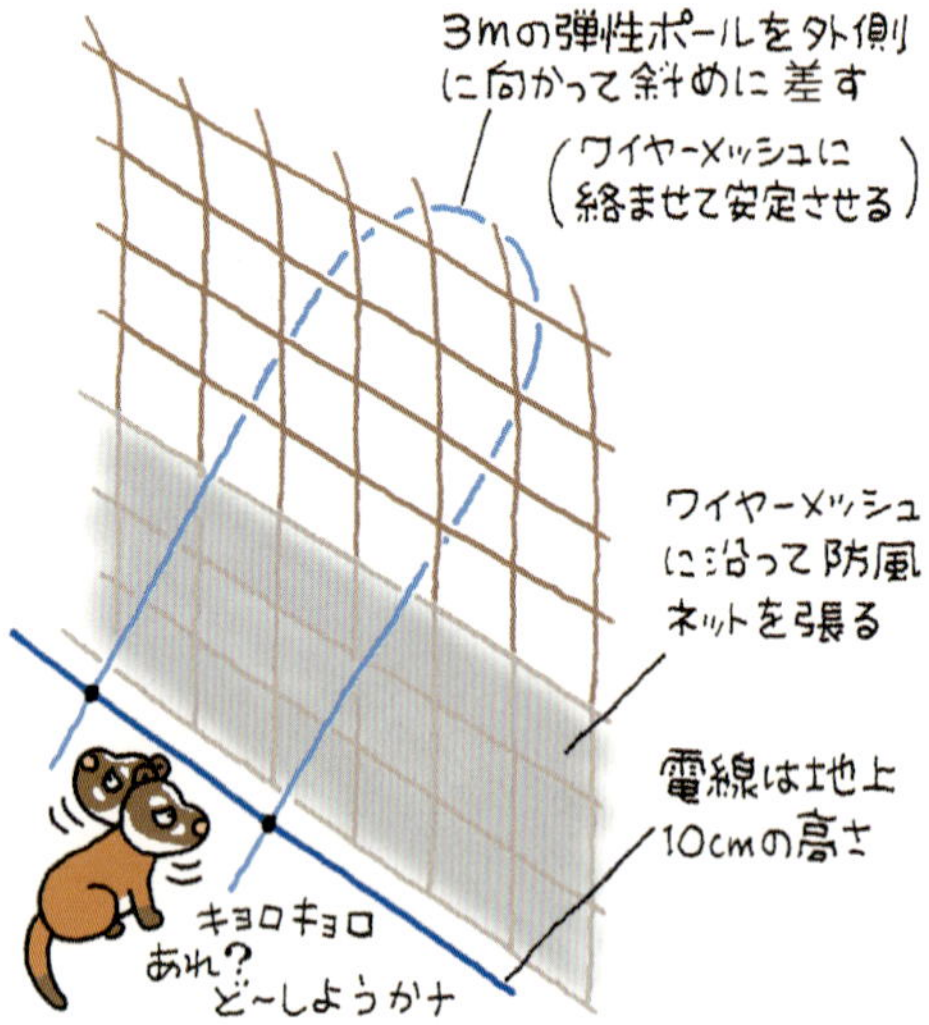

タヌキは地上10cmの高さに電線を張ると防げるが、ハクビシンは10cmの電気柵もワイヤーメッシュもすり抜ける。防風ネットを合わせて張っておくと、素通りできずに立ち止まるので電線が10cmの高さでも感電しやすい

③角のすき間を埋める

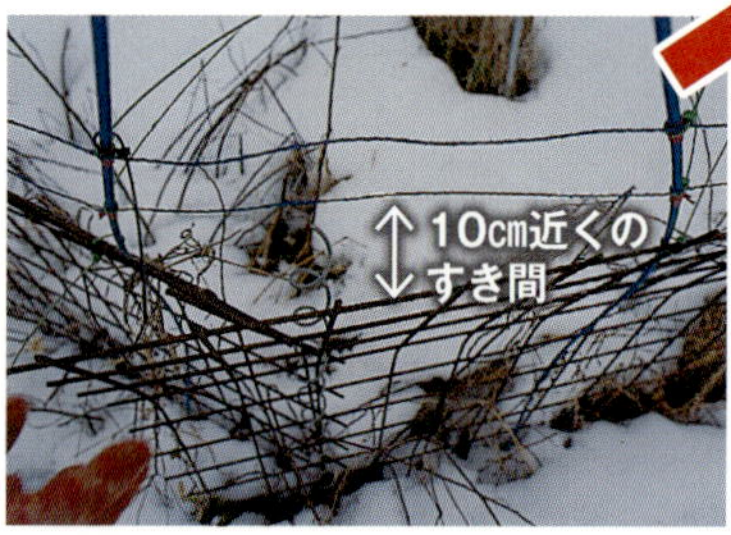

「こういうちょっとしたすき間から小動物が入るんやで」（左）。弾性ポールを縦に差し込んで少し電線を押さえるだけで、すき間を減らせる

おしゃもじ電柵の設置方法

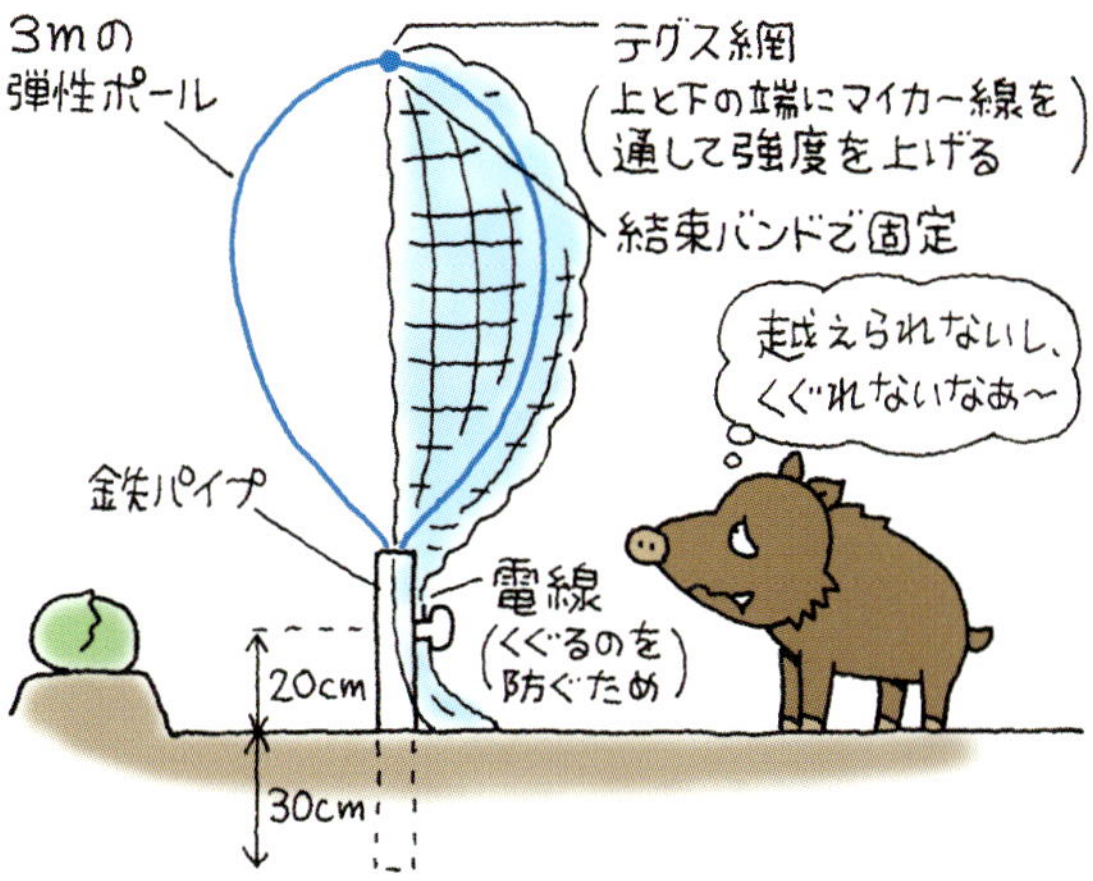

立体柵「おしゃもじ電柵」を作る

動物は、奥行きのある障害物が苦手。飛び越えようとしても踏み切り位置が合わず、躊躇してしまうのだ。この習性を利用して井上先生が開発したのが「おしゃもじ電柵」。

長さ50 〜 60㎝に切った廃材の鉄パイプを地面に打ち込む。そのなかに弾性ポールの両端を差し込んでおしゃもじ形に

おしゃもじ部分の外側半分にテグスネット（通電しない）を張って立体感を出し、鉄パイプ部分に電線を1段張って完成

鉄パイプは電気を通すので、電線を張るときはガイシが必要

現代農業2011年4月号

電気柵の電圧をいつでもどこでもチェックできる装置

北海道苫小牧市
アールス・コーポレーション
●小南海人

アールス電気柵電圧計レスターボーイ（矢印）。これは鉛蓄電池をソーラーパネルで充電しながら使用している設置例

電気柵の日々の管理をどうするか

電子機器開発を請け負う開発メーカーで、インターネットを利用した計測や制御技術を長く手掛けてきました。獣害対策の有効な手段として電気柵は広く利用されています。ところが、設置現場を見てみると、しっかり管理されていないことがとても多いです。

電気柵は電圧がかかった状態で効果を発揮します。下草が伸びてきてショートしたり、動物が衝突して断線したりすると、正常な電圧がかからず効果が得られません。しかし、電気柵を本気で管理することはたいへんです。電気は目に見えませんから、遠目に見るだけでは本当に効果を発揮しているかわからず、定期的に現場へ行き、テスターを使って電圧を測らなければなりません。電気柵は、設置費用だけではなく、管理にかかる人件費も課題です。

いつでもどこでも電圧がわかる

アールス電気柵電圧計レスターボーイ（以下、レスターボーイ）は、インターネットを利用して、いつでもどこでも電気柵の電圧を知ることができる電圧計です。レスターボーイから出ている二本の測定線を電気柵とアースにつなぎます。これだけで電圧が測定され、一時間おき（毎正時）にその時の電圧値がモバイルルーターを通して、専用のウェブサーバーへアップされます。

ウェブサーバーへ蓄積された電圧データは、スマホやパソコンを使って電圧計の裏に書いてあるURLへアクセスすると、好きな時に確認することが

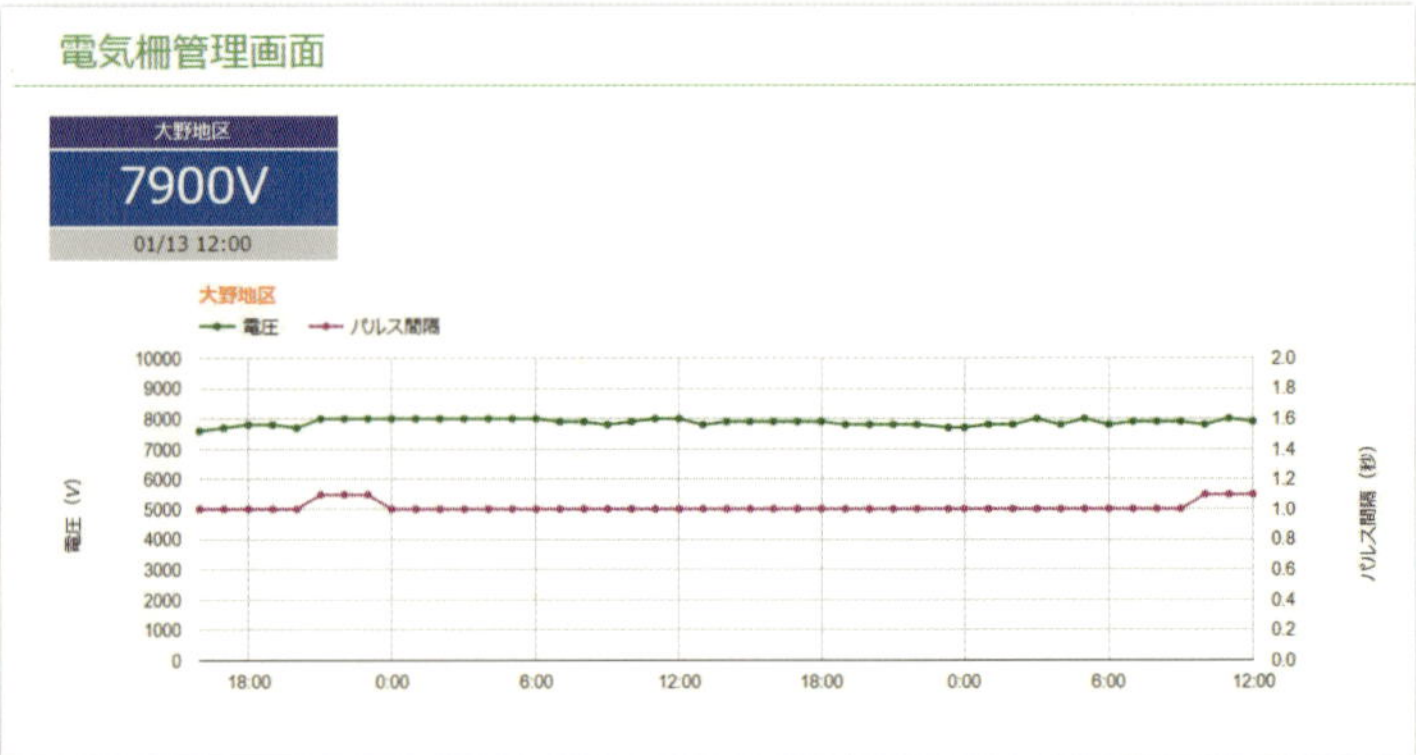

スマホやパソコンを使ってサーバーにアクセスすると、最新の電圧値が数字で、過去3日間のデータがグラフで表示される

できます。サーバーの管理はアールス社で行なうので、利用者の負担はありません。

通信費が安くなり、導入も用意に

レスターボーイの初期設置にかかる費用は表のとおりです。

通信にモバイルルーターを利用しますが、最近は格安のプランが普及して、通信費月五五〇円というプランもあり導入も容易になっています。また、レスターボーイ自体の消費電力は一W以下ですが、モバイルルーターがけっこう電力を必要とするので、ある程度の電源の準備が必要となります。

これまでついつい怠っていた電気柵の管理を徹底していくことで、電気柵の有効利用も拡大するものと思います。

現代農業二〇一七年七月号

設置に必要な初期費用

アールス電気柵電圧計レスターボーイ	3万8000円
モバイルルーター	1万4000円
鉛蓄電池	5500円
ソーラーパネル	4800円
充電コントローラー	3200円
雨除けケース	1800円
バッテリー収納用コンテナボックス	450円
合　計	6万7750円

電気柵の設置をラクに

電線張り器と巻き取り器

大阪府能勢町・星庵幸一さん

星庵さんは、塩ビパイプで田んぼを囲う電気柵の電線張り器を、足場パイプで電線巻き取り器を作った。

電線張り器は持ち歩くので、コンパクトで軽い塩ビパイプを使う。持ち手にも塩ビパイプをはめて持ちやすくしたり、絶対にリールが落ちないようにストッパーを付けた。巻き取り器のほうは地面に置いて安定させるために鉄筋と足場パイプを使う。両手を使ってきれいに電線を巻き取れる。

電線張り器

塩ビパイプの穴に棒を差し込むとリールが落ちない

持ち手につけている塩ビパイプが回転して持ちやすい

電線巻き取り器

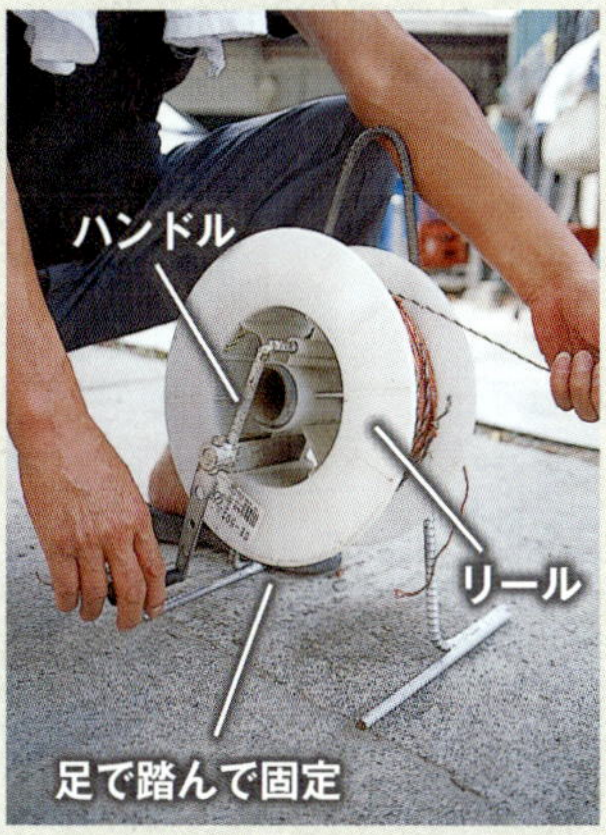

リールにハンドルをはめ、巻き取る

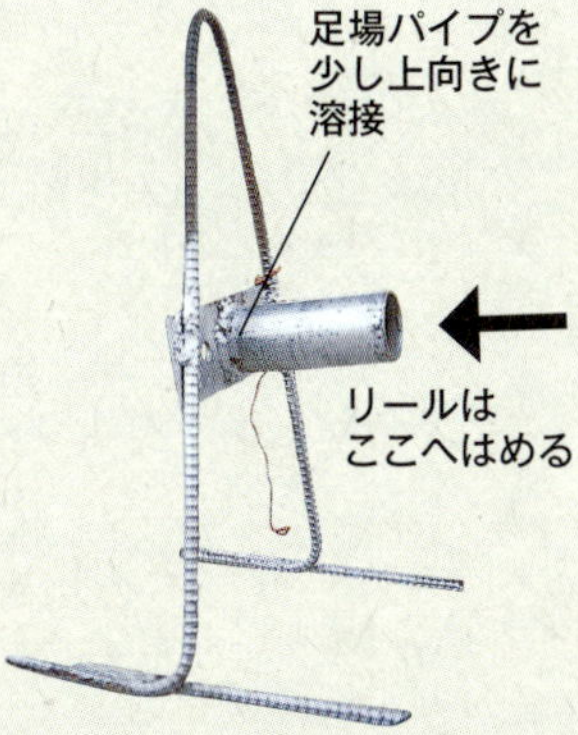

パイプは少し上向きに付いているので、リールが落ちない

田畑まわりの雑木伐採で イノシシ・サルの「ストップゾーン」を作る

香川県東讃農業改良普及センター●藤井寿江

雑木を伐採する前の状態

獣害により耕作をあきらめる

香川県さぬき市豊田集落は「次世代に田んぼを渡したい」「集落内の年寄りが元気に田んぼができるように」との願いを込めて、自治会ぐるみで田畑周辺の雑木を切り、侵入防止柵により獣害対策に取り組んでいます。

　この集落では、平成三年からイノシシが出没し始めました。被害はタケノコや水稲などの農作物だけでなく、畦畔を掘り返されるなど農地が荒らされ、その修繕など農作業に余計な手間がかかります。また、最近はサルも出没し、田畑周辺のカキやスイカ、トウモロコシなどの自家消費野菜などにも被害がでるようになりました。このため、獣害により耕作をあきらめる農地がポツポツでてきました。

　豊田集落には、普及センターが五年ほど前からサルの行動調査をお願いしている多田正一さん夫妻がいます。サルを見かけるたびに記録をとるという調査を通じて、獣害対策についてお互い意見交換したところ、鳥獣「ストップゾーン」の話をする機会がありました。このときは自治会の会合だったので、非農家の方やお寺の住職さんなど熱心に話を聞いていただきました。

　鳥獣ストップゾーン設置モデル事業は、地域ぐるみで里山や竹やぶなどを管理し、鳥獣害の軽減を図ることを目的としたもので、平成十七年から県単独事業として進められていました。

山際五mを伐採 ワイヤーメッシュと電気柵も設置

まず、山際の田畑周辺の雑木を五m幅で伐採しました。伐採は自治会のほとんどの人の協力で行ないました。これにより、山際と田畑の間に見通しのよい空間ができ、イノシシ・サルが警戒し、田畑に侵入しにくくなりました。

　その後、伐採跡を整地し、田畑周辺には侵入防止柵を設置しました。その

伐採、刈り払い、整地してストップゾーン完成

さらにワイヤーメッシュを設置、上部に電気柵を通した

侵入防止柵も多田さんが工夫をこらしたもので、高さ一mのワイヤーメッシュに耐久性を高めるためペンキをぬり、柵の上部には、市販の折り返しのついた電気柵の支柱を取り付けワイヤーを張り、電源はソーラーシステムを利用しています。ワイヤーメッシュでイノシシを防ぎ、上部の電気柵でサルを防ぐ仕組みになっているのです。

人圧をかけて田畑を守る

ストップゾーンの設置には約二〇名が三週間かけて取り組みました。さらに中山間地域等直接支払制度を活用し、新たに住民の自主的な活動でストップゾーンが延びました。その長さは四kmに及びます。今のところイノシシ・サルの被害はなく、効果は高いようです。自治会のみなさんの取り組みに頭が下がるのは「田畑を守るには人圧をかけることが大切で、自治会の人がたびたび農地にでたり、周辺を見回ることが獣害対策である」と考えている点です。

それにしても大変なのが侵入防止柵周辺の草刈りです。怠ると電気柵の線に触れ、漏電します。とくに畦畔の高い山際の草刈りは重労働です。「ああ、このごろ草ばっかりかっりょるわ」と住民の一人が笑いながら話しています。豊田自治会の取り組みは続きます。

現代農業二〇〇七年九月号

山裾に立体嫌がらせゾーンをつくる

福井県農林水産部鳥獣害対策課●前田益伸

イノシシやシカによる農作物被害は、福井県でも増加しています。このため、獣を山から出没させないしくみとして、緊急雇用創出事業臨時特例交付金を活用して平成二十一年度から三年間、福井県独自の山際緩衝帯のモデル事業を実施しています。

この緩衝帯は、山際の間伐をしながら、その伐採木等を利用して障害物を設置するものです。まず山際の奥行き約二〇mを適度な疎林となるよう間伐して見通しをよくします。そして伐採した木や枝打ちした枝を集積し、その上に支柱として残した立木を利用して獣害ネットを設置します。この障害物は、「蹄や脚がネットに絡む」「柔らかい腹が枝木にこすれる」「奥行きがあり飛び越えられない」など獣が嫌がる要因を取り入れたものとなっています。

設置後には草刈りや木枝の積み増しなど、緩衝帯の管理が発生するわけですが、人が山に入らなくなったことも獣が山から下りてくる原因になったといわれており、このモデル事業には、点検・管理のため定期的に「山に入る」という人の活動を再生するねらいがあります。

平成二十一年度は四市町で計三五km、二十二年度は三市町で計九km（見込み）を設置しています。設置集落からは、「山際スッキリと獣害防止で一石二鳥」「シカの出没が減った」などの感想があり、一定の効果はあったようです。ただこの障害物が、「アライグマやハクビシン等の住処にならないか」、カブトムシ等の産卵場所となり幼虫を求めて「イノシシを引き寄せないか」との意見もあり、今後これらの課題を検証していきたいと考えています。

現代農業二〇一一年四月号

イノシシやシカは集落に出る前にこの難所を乗り越えなければならない

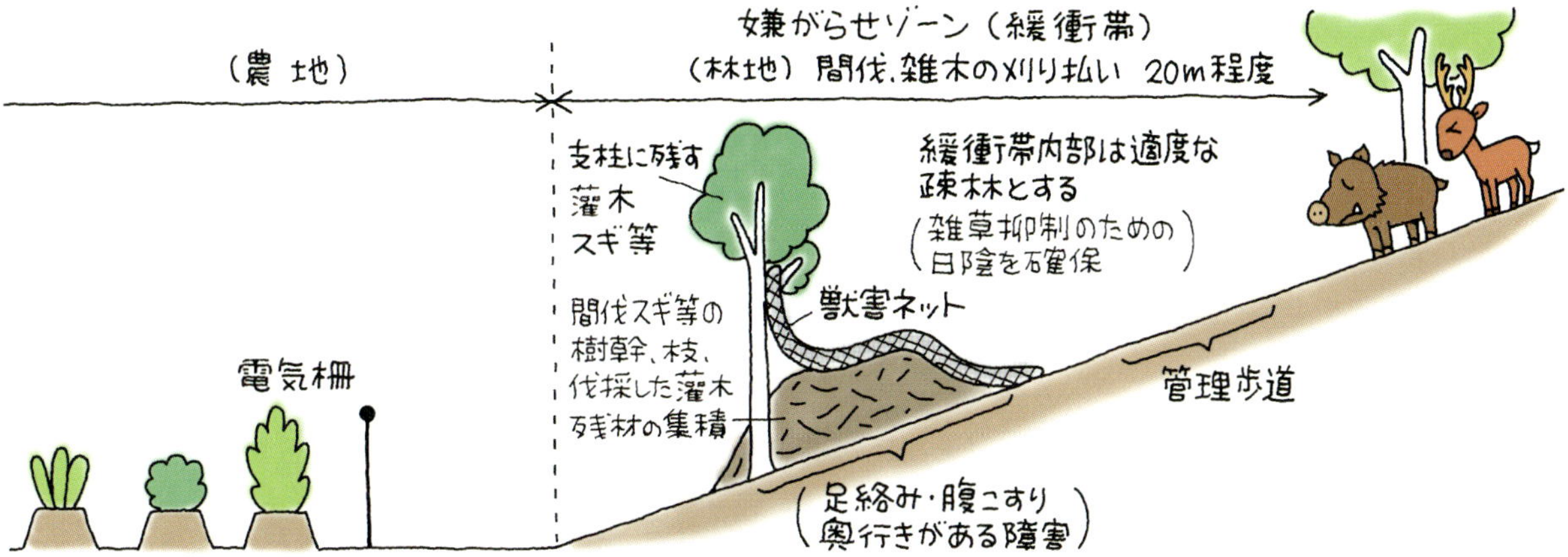

イノシシを山からおろさない 移動式「格子」の撃退具

千葉県鋸南町●杉山茂嘉

山地から平地におろさない工夫

捕獲に比べ、自分の畑を守ることは、イノシシをよその畑に追いやってしまう問題があります。しかし、「イノシシに農作物を食わせてはクセになる。守ることも捕獲の助力になる」と考えて研究を行ない、「二枚格子U型」と「二枚格子X型」の撃退具を考案しました。

私たち夫婦は数千坪の私有地を「自然工夫塾・森の時計」と名付けて、イノシシを山地から平地におろさないための実験を行ないました。その結果、現在までの約一年半、この撃退具は一度もイノシシに突破されていません。

脚をとられる、痛い思いをする

この撃退具は鉄製の突き出し格子構造で、格子棒の直径は二～六㎜、格子枡の大きさは八～一六㎝です。イノシシが山からおりてくる草木の茂った通り道に設置しておきます。構造が簡単なので故障せず、電気を使わないため、木の枝や草が被さったりしても問題なく使用できます。

U型は地面に対して逆さに設置しておけば、イノシシが格子に足をとられます。また、U字に設置しておけば、突き出し格子棒の先端部で痛い思いをさせられます。保管や移動も何枚か積み重ねれば簡単です。

X型は突き出し棒の先端部で痛い思いをさせ、格子に脚もとられます。適度の重さと、突き出し格子棒で、地面に置くだけで安定した設置が可能です。二枚の格子は溶接していないのでX角が自在に調整できます。折りたたむことができるので、保管および移動も簡単です。

イノシシよけにこんな手も

金属音を鳴らす水車イノシシオドシ

福島県小野町●会田俊一さん

会田さんはイノシシよけに、廃材を使っておもしろい道具を作った。その名も「イノシシオドシ」。イノシシが嫌う金属音を発生させる。

自転車のホイールと空き缶で水車を作り、車輪が回ると、スポークの部分に金属棒がぶつかって音が鳴り続けるしくみだ。水の音が大きくて金属音がよく聞こえないようなところでは、金属棒に鈴をぶら下げる。10ａ区画の小さい田んぼが7～8枚まとまっているところに、これが2台設置してある。

「自然にはない音だからイノシシは苦手なのだろう」と会田さん。この道具を使い始めたのは5年以上前だが、それ以来、イノシシ害がなくなったそうだ。

現代農業2015年9月号

私が考案したイノシシ撃退具。
上が一枚格子U型、下が二枚格子X型

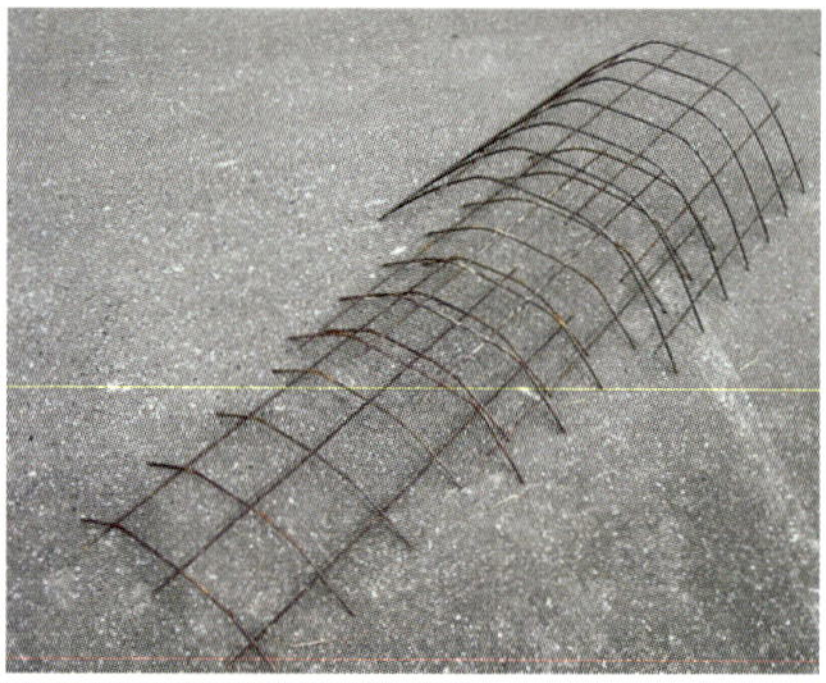

地雷のような危機感を与える

この撃退具は草などが覆い被さると存在がわからなくなります。とくにU型は注意して見てもまったくわからなくなります。そのため、安全に作業を行なえるよう撃退具に目印棒をつけておきます。

しかし、この「わからなくなる」という特徴は、イノシシに地雷のような危機感を与えて、警戒させます。怖い思いや痛い思いをさせ、その先や周辺に「何か得体の知れない、恐ろしい物がある」と感じさせることが大切です。

よって、あちらこちらに撃退具の種類と寸法を変えて置くことで好結果が得られます。地形にもよりますが、森の時計では山裾にわずかな数を点在させて置くだけです。延べ長さで山裾全長の数十分の一です。当然ながら、従来型の防御柵のように外観を損なうこともありません。

なお、平地ではX型のほうが撃退効果がありますが、急勾配の斜面では安価なU型のほうが簡単に設置でき、ほぼ同等の撃退効果が得られます。

現代農業二〇〇八年九月号

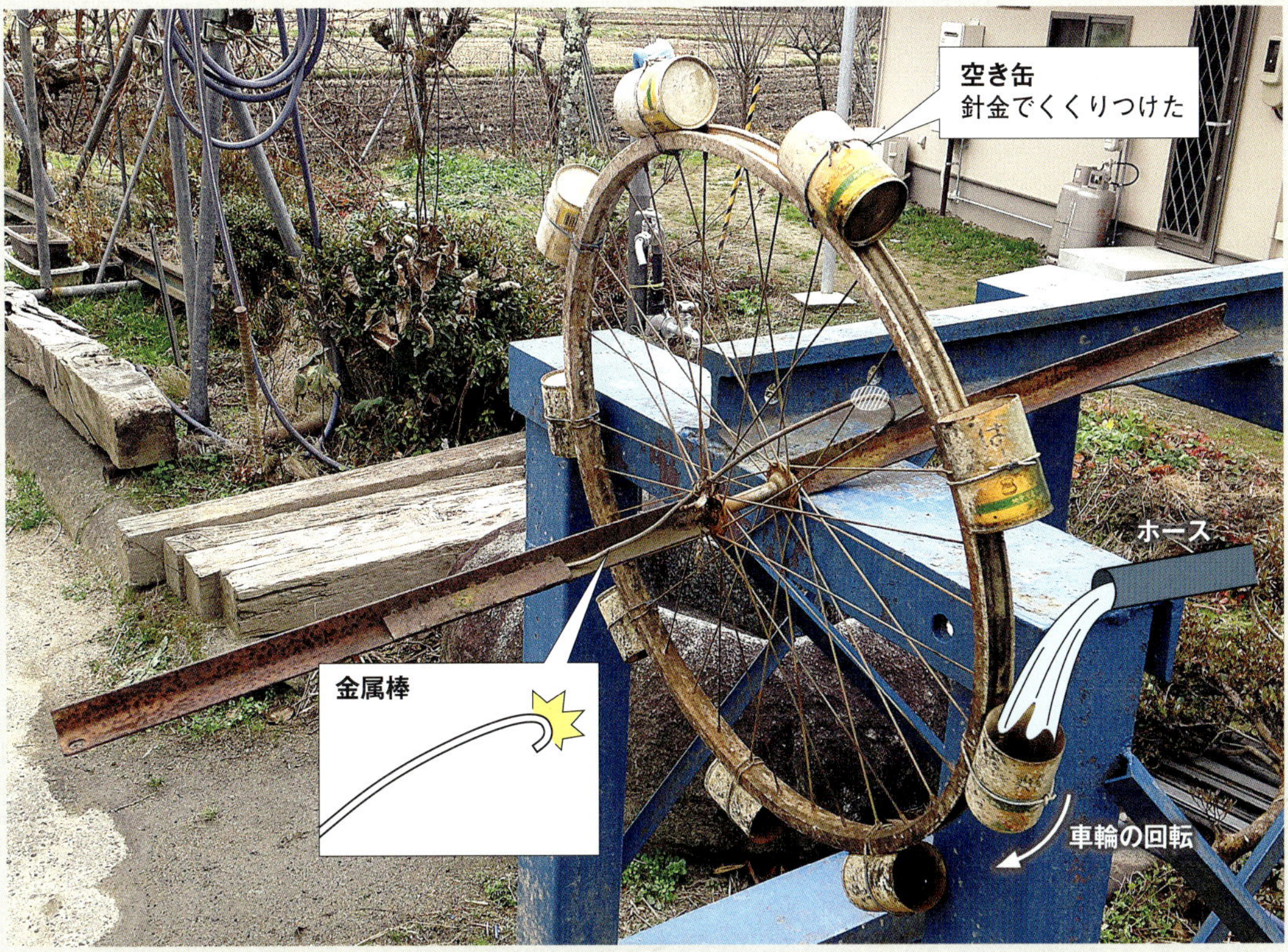

イノシシオドシ。両端についたL字アングルを排水路の縁に引っ掛けて設置。沢の上流からホースで引き込んだ水を缶に注いで車輪を回す。スポークに金属棒が当たる（斜線部分）と音がする

江澤さんが使っている硫黄粉（赤松富仁撮影）

硫黄の粉

千葉県木更津市●江澤貞雄さん

硫黄の粉といえば、ブルーベリー農家の江澤貞雄さん（『ブルーベリーをつくりこなす』著者、農文協発行）も何年も前から使っており、イノシシへの効果を実感していた。江澤さんの使い方はこうだ。

毎年、ブルーベリーが休眠する冬に1回、株元にお椀3分の1杯、もしくは4分の1杯の硫黄粉をまく。酸性土壌を好むブルーベリー畑のpH調整のために振っているのだが、イノシシの忌避効果も実感している。硫黄のニオイがイヤなのか、硫黄粉をまかない通路部分は掘り返されても、まいた株元はまったく掘られないそうだ。

硫黄粉の入手先は日本ブルーベリー協会（tel03-3436-6121）、http://japanblueberry.com/merit/soil.htmlまで。20kg 4860円

年間五〇頭捕獲の くくりワナ必勝法

福岡県朝倉市●小ノ上喜三

市販のワナで年間五〇頭捕獲

当地に初めてイノシシが出現したのは昭和五十四年暮れ。刃物で切ったようなカキの切り口に、最初はイノシシの被害とはわからなかった。

明けて昭和五十五年、親子連れの御一行様が昼でも闊歩するようになった。当時は被害がそれほどとは思わず放置していたが、わが家のカキは低樹高ということもあいまって五～六割もが被害を受けるようになってしまった。

電柵も施したが、やはり絶対数を減らすことも大切と思い、ワナを仕掛けることにとりかかった。自転車のチューブをバネに利用してみたり、素人考えでいろいろ試行錯誤したがいっこうに獲れない。友人から借りた㈱三生のワナを仕掛け、初めて獲れたのは昭和の終わりごろだった。

一度獲れれば勢いづいて、年間五〇頭ほど獲れるようになった。三年続けたらほとんどいなくなった。しかしまたすぐ、他所から移って来たものによると思われる被害が発生。イノシシとの闘いを再開して今に至る。

仕掛け方のポイント

くくりワナにもいろいろある。要するにバネを使ってくくりさえすればよいのだが、とても奥が深い。箱ワナと比べると、くくりワナのよいところは勝負が早いこと。仕掛けたその夜にかかることを数多く体験している。しかし、ワナを置きさえすれば簡単にかかるというものではない。ちょっとした熟練が必要である。

①場所を選ぶ

初心者は、イノシシが坂を頻繁に上り下りしているところにかけたがる。しかし獣道がよく磨かれているようなところは、蹴爪《けづめ》（ブレーキ）をかけているからそうなるのであって、足をつく場所が一定ではないということだ。くくりワナを仕掛けるにはあまり良い場所ではない。

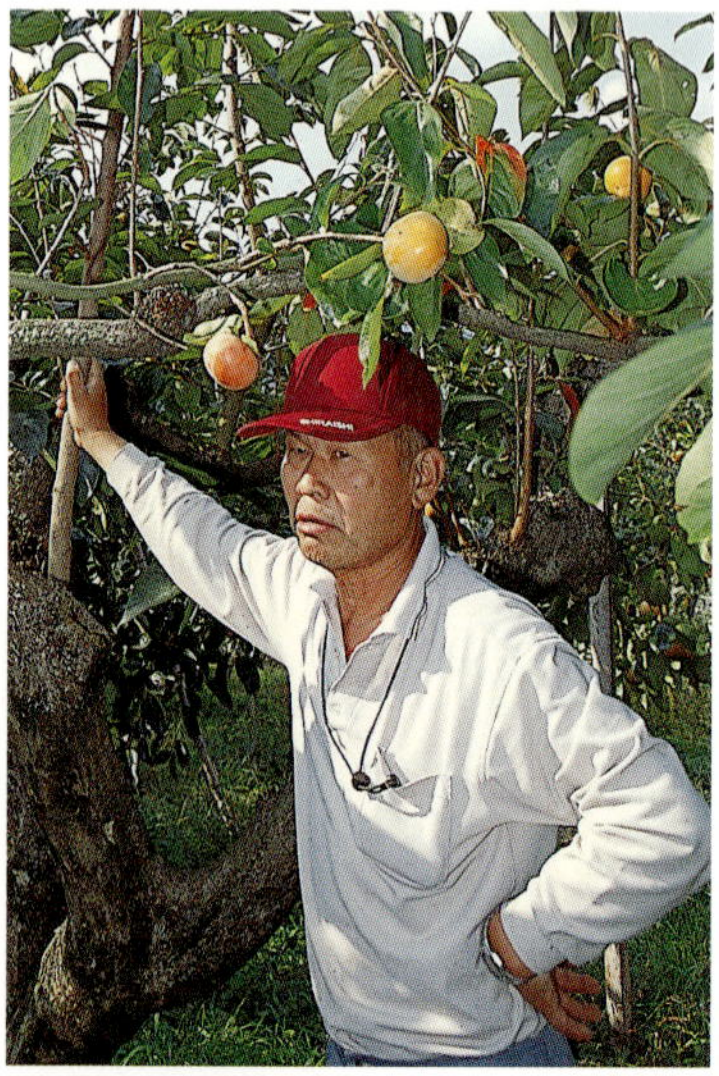

筆者（赤松富仁撮影）

仕掛ける場所は平地がよい。要は、等高線状にできた獣道である。初心者はその足跡を目安にするとよい。なお、三生のワナの場合、等高線に仕掛けるとワナ後部が露出するので、杭を打ち土を盛ってこの部分を隠す。ただし新型は傾斜地も対応できる。

②踏ませの技術

いくら足跡に仕掛けたとしても、イノシシの大小によって歩幅が違い一定ではない。ワナの中にうまく足を入れ

小ノ上さんのくくりワナの仕掛け方

ワイヤーの輪は卵型にする
置き木によって、必ず輪の中を踏ませるようにする
くくりワナ
土を3cmくらい被せて埋める
置き木を八の字に置く
控えワイヤーを立ち木の根（直径5cmくらい）に結んで土に埋める

させるにはどうするか？

獣道をよく観察すると、石や樹の根、枝は踏んでない。そこでワイヤーの上に小指大の枝を置く。この置き木は八の字になるようにする（図）。こうすることで捕獲率は驚くほど向上する。

またイノシシは、障害物があると一度止まり安全確認してから移動する習性がある。したがって、イノシシが警戒しない、立ち木と立ち木の中ほどの明るいところに設置するとよい。

③カモフラージュ

カモフラージュも入念に。とにかく人間の目で見てワナがあるとわかるようでは必ず見破られる。ワナを仕掛けた後、細心の注意を払って元の状態に戻すことが肝要である。

ワナを土に埋め、落ち葉をかけるときも、その流れが不自然に途切れないように。また、必ずその周辺の落ち葉を使うこと。竹のないところに竹の葉を置いたりするのはよくない。あくまでも原状回復が大切である。

命の取り合いは真剣勝負

私の体験では、ワナを一〇丁かければだいたい八～九頭は獲れる。慣れてきたので、ほとんどミスなく獲れるようになった。今から始めようという方は、まず二丁揃えてはどうか（くくりワナ猟には狩猟免許が必要）。それでとにかく最初の一頭を獲ること。一頭獲れれば捕獲を実感できるので次への意欲もわいてくる。

ワナ具もいろいろあるが、価格の高いものはそれなりの価値がある。たとえば設置時間が短くてすむ。安いものは時間がかかる。そして一回かかったら使い捨ての場合が多い。また空作動も多く、捕獲率が低い。

いずれにしても、そのワナの特徴を熟知して使うこと。そして真剣に取り組むことだと思う。なにしろケモノとの命の取り合いだ。私は本業のカキ栽培に影響するほど熱中した。

㈱三生では捕獲の指導も行なっているので、相談されるといい。

※㈱三生＝佐賀県鳥栖市轟町九四二
TEL〇九四二―八三―三七六二
http://www.sanseikouki.co.jp/

現代農業二〇一一年四月号

飛び上がって足を確実に捕捉

北澤式くくりワナ

長野県長野市●北澤行雄さん

北澤行雄さん（七九歳）が、自ら狩猟をする中で考案したのがこのくくりワナ。塩ビパイプで作った楕円形の枠に獣が足を踏み入れ、体重がかかると、ワイヤーの輪がバネの力で飛び上がって獣の足を確実に捕らえるしくみだ。昨年秋には、このくくりワナを使って、わずか一カ月足らずの間に一六頭ものイノシシを獲ったそうだ。

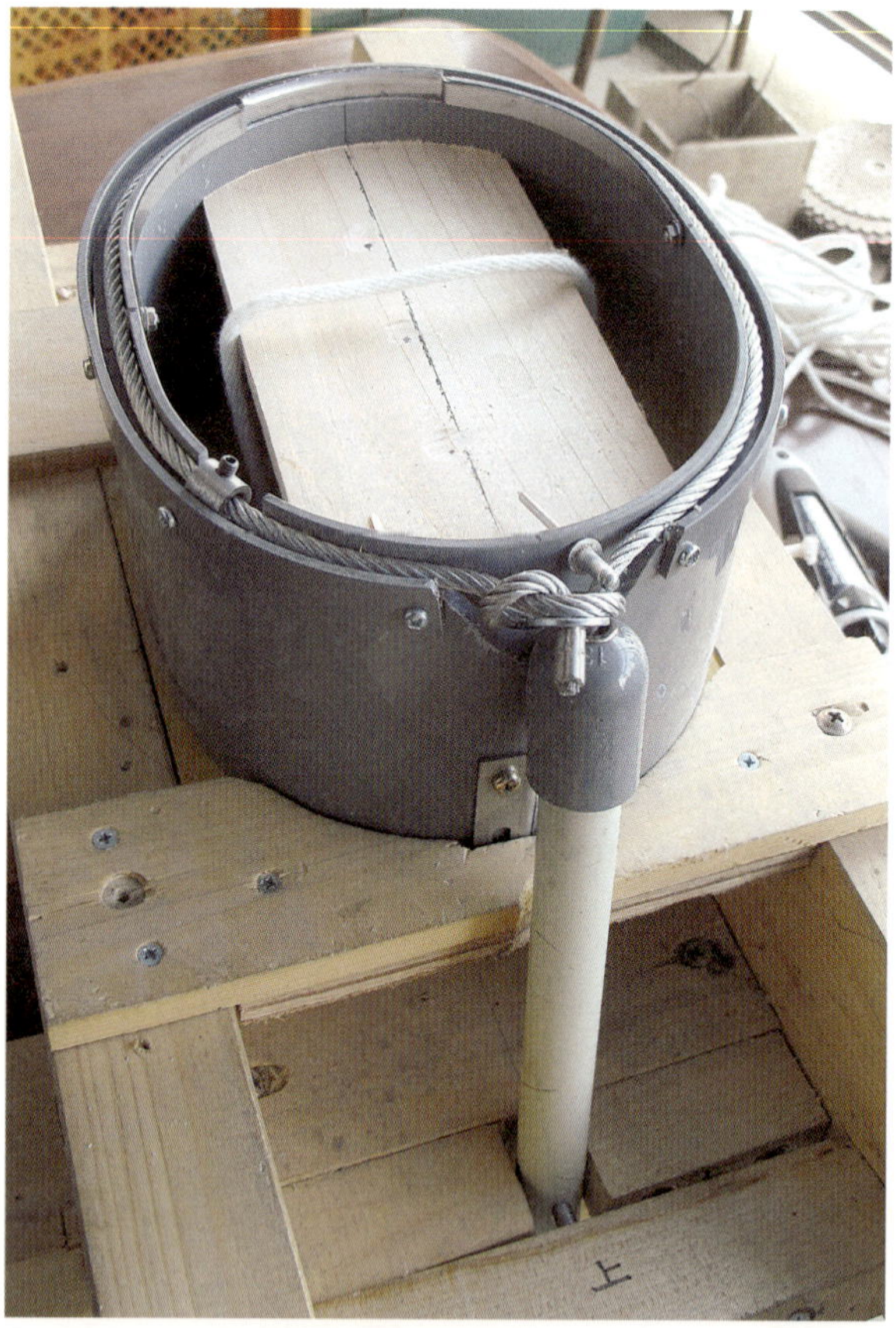

「北澤式スーパーくくり罠」（特許取得済み）。塩ビの枠は二重になっていて（左の写真参照）、獣の足が踏み板に乗って内枠が落ちると、バネの力でワイヤーの輪が締まりながら飛び上がる

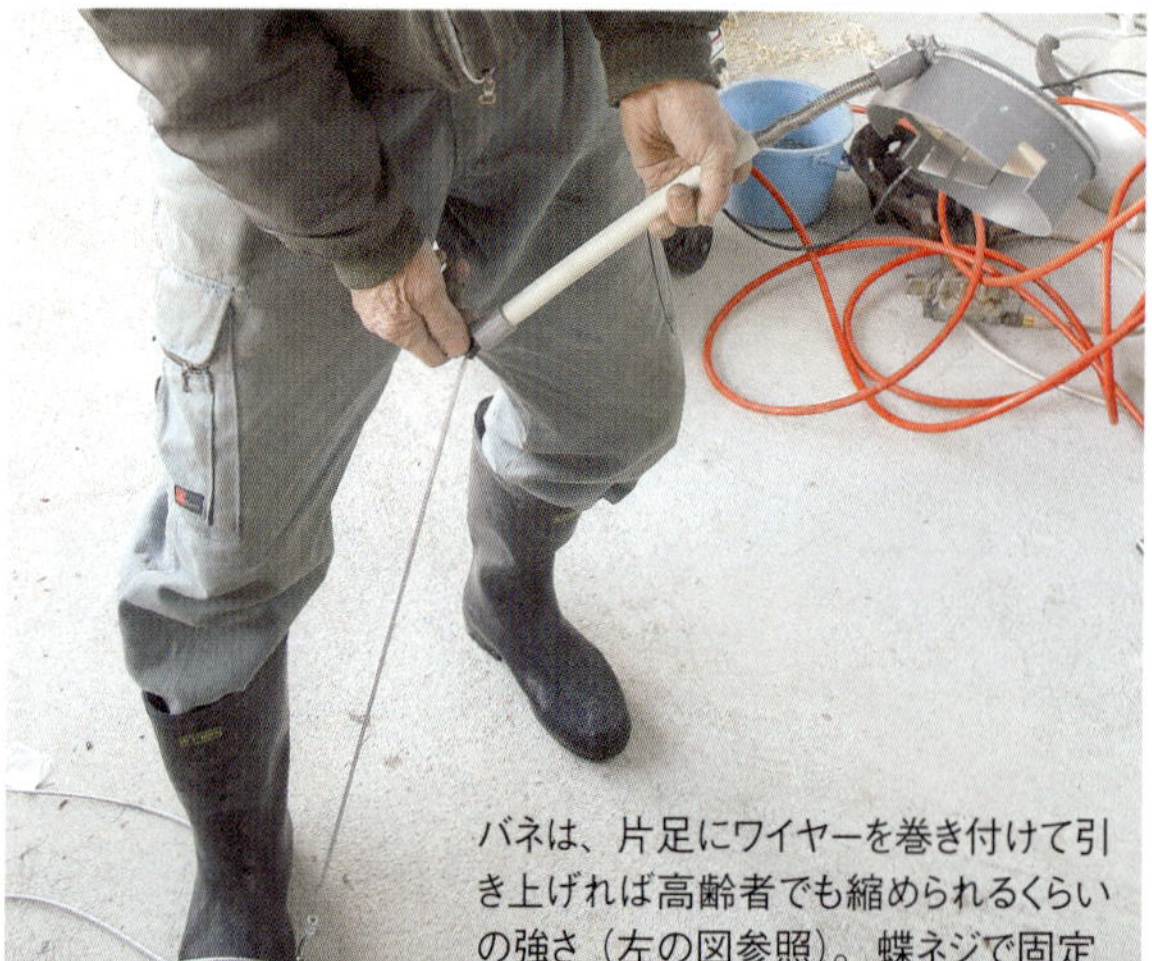

バネは、片足にワイヤーを巻き付けて引き上げれば高齢者でも縮められるくらいの強さ（左の図参照）。蝶ネジで固定

北澤行雄さん

●北澤式くくりワナのしくみ

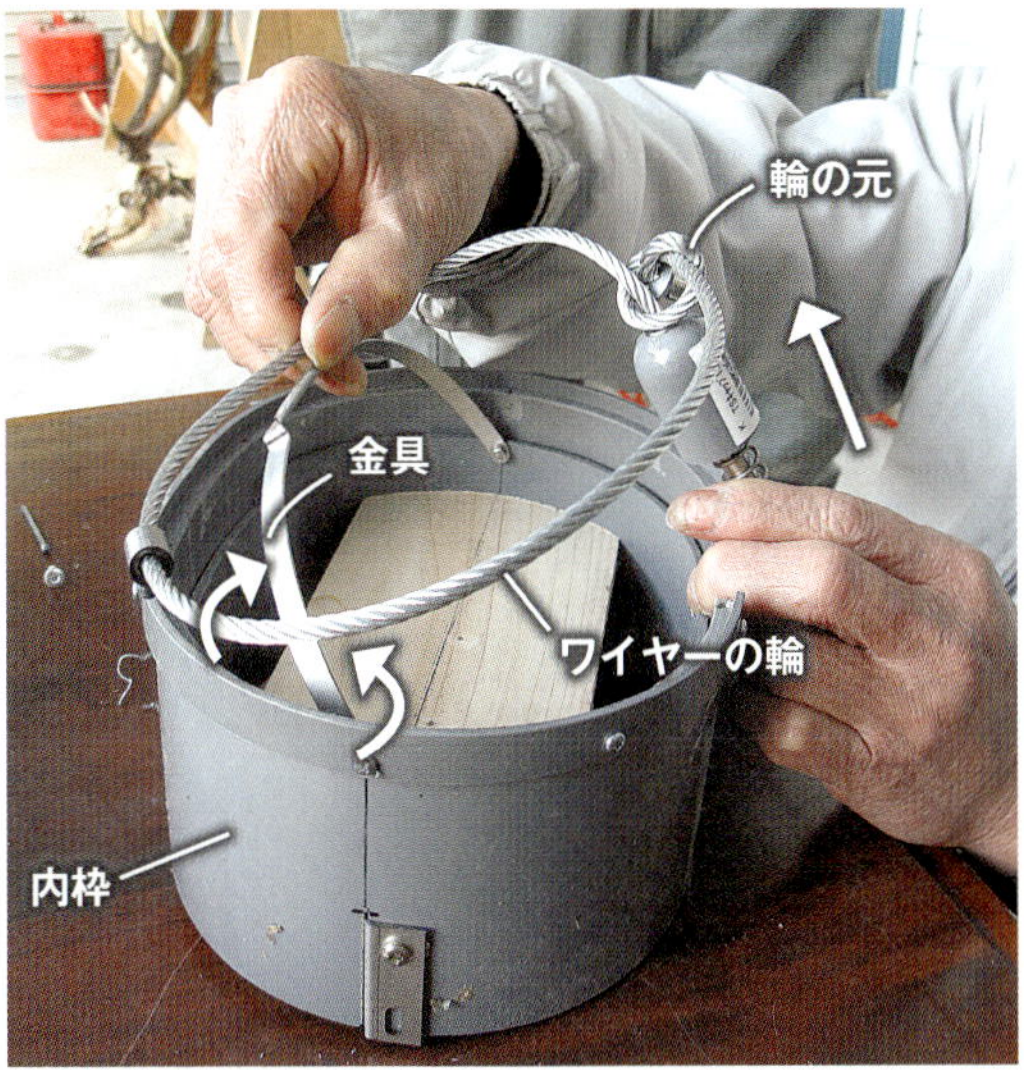

作動時に、輪の元のほうが先に上がり、
輪が縦になってしまうのをこの金具が防ぐ

内枠と外枠の構造。踏み板に獣の足が乗ってもすぐに作動しないよう、外枠内の2枚の圧力板を締め付けるネジで調整する。すぐに作動すると、獣は瞬時に足を引き上げてしまい、ワイヤーが足を捕らえられない

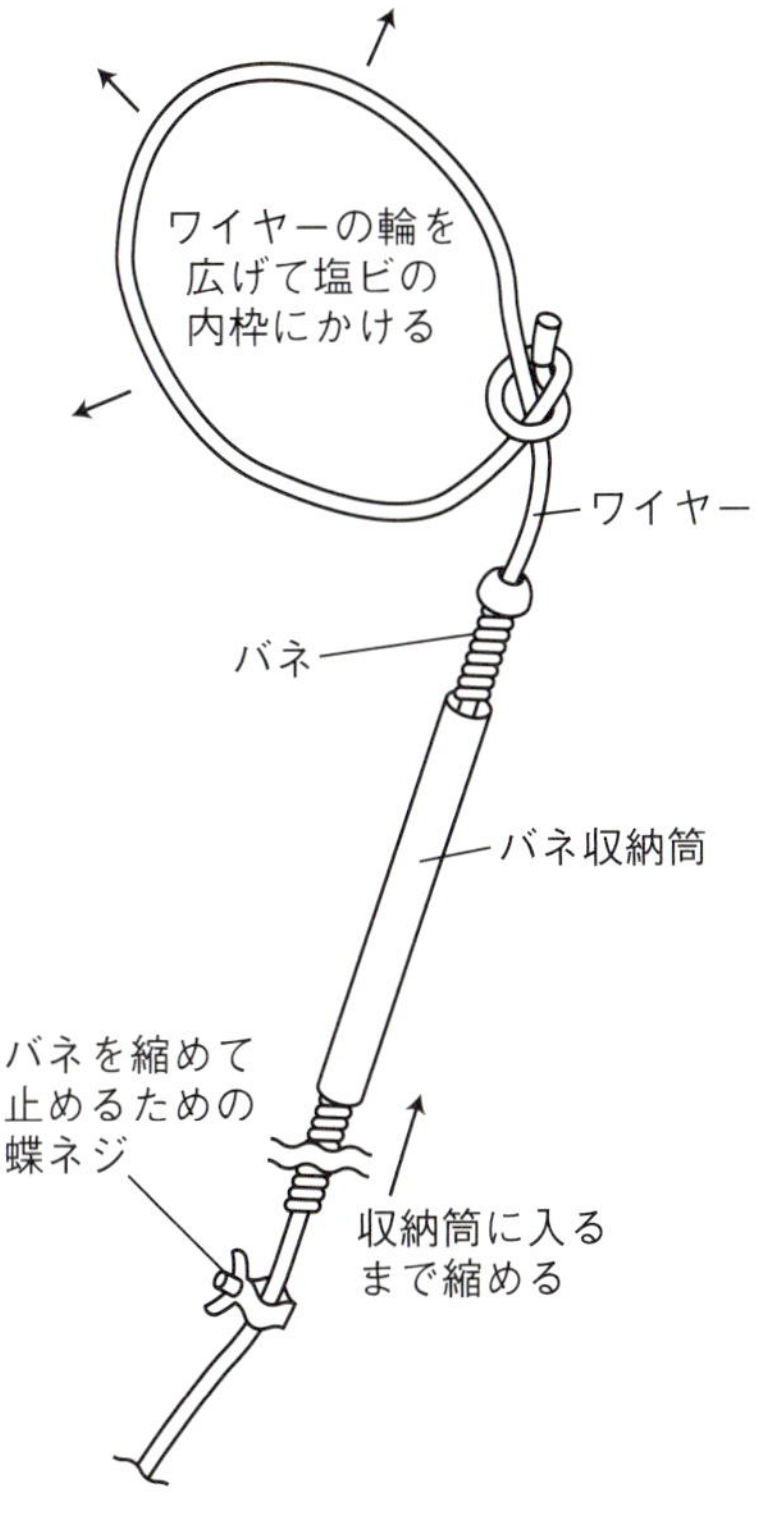

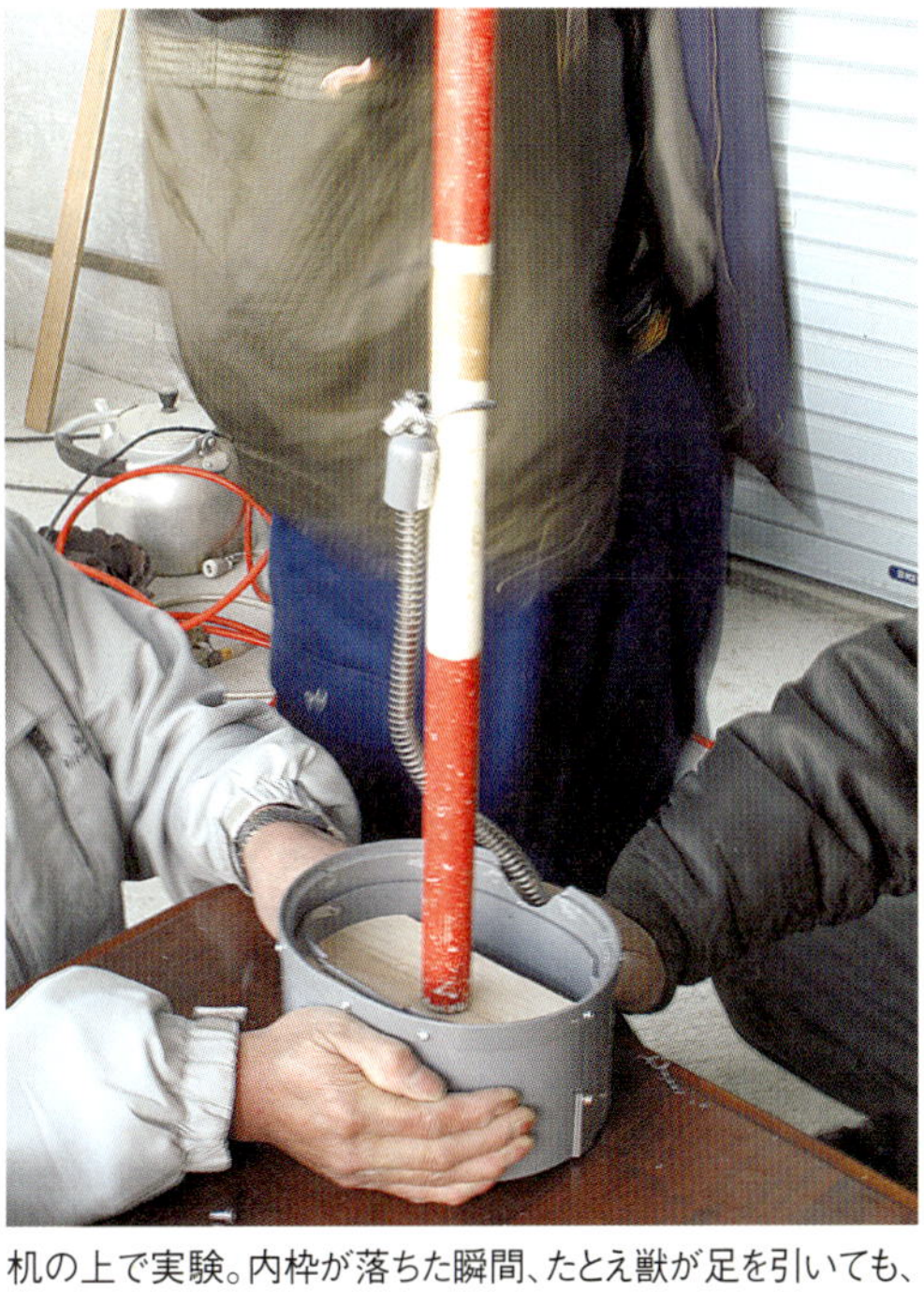

机の上で実験。内枠が落ちた瞬間、たとえ獣が足を引いても、ワイヤーはそれを追うように30cm以上飛び上がって締まる

●実際の設置のしかた

現場で実際に使う内枠の板の上には、土が落ちないようにするためのビニールが貼ってある。その上にメッシュ状の板

外枠とバネ収納筒（20㎝余り）を埋める穴を掘って設置。内枠の上には、ワナが見えないように厚さ2㎝くらい土を詰める（土の上で実演してもらった）

▼踏ませの技

くくりワナを使って実際に獣を獲るには、やはり「踏ませの技」が肝心と北澤さん。ワナのわきには、現場にあるものを利用して、木の枝や根などの障害物を置く。獣にとって足は命の次に大事なものなので、障害物を踏まないように足を下ろすからだ。エサ場（畑など）に出入りする獣道のうち、とくに出るときの道のほうが獲りやすいとのこと。

▼新品はしばらく土に埋めてから使う

また、新品のワナを仕掛けるときはしばらく土に埋めて、ワナのニオイを消す。仕掛ける前には、服も新しいものに着替えて、現場に人間のニオイをなるべく残さない。そして、ワナを仕掛けたことを気づかれないよう、土を元どおりに埋め戻すことが大事。掘った土はバケツに入れておくときれいに戻しやすいとのこと。

※北澤式くくりワナの問い合わせは北澤さん（TEL〇二六―二六六―二四八八）まで。

現代農業二〇一一年四月号

酒粕だんごの匂いで誘いイノシシ御用

神奈川県伊勢原市農協●加藤 勲

用心深く、捕獲オリで苦戦

神奈川県の中央にそびえ立つ標高一二五二mの「大山《おおやま》」。古くから街道が整備され、関東一円の信仰を集めてきた大山の麓に広がる伊勢原市で、サルやシカ、イノシシなどの有害鳥獣による農作物被害が深刻化したのは一〇年以上も前のこと。

酒粕だんごは、オリの中央に米ヌカを敷き、サツマイモなどと一緒に5～6個ほど置く

丹精した農作物が収穫直前で食い荒らされる被害額は、市内だけでも毎年一〇〇〇万円を超える。さまざまな追い払いと捕獲作戦を展開してきたが、これといった有効な対策がなかった。

伊勢原市大山地区にも農地を守るための獣害防止柵が整備されているが、沢伝いに農地へ侵入してしまうイノシシにはお手上げの状態。

ところが昨年の夏、大山地区有害鳥獣対策協議会の松本新一代表（六七歳）は「隣接する高部屋地区の農家が、酒粕をエサに捕獲頭数を伸ばしている」との情報をつかんだ。

昨年は一九頭の捕獲に成功

「酒粕だんごは硬めに作ることがポイント」と話す松本新一代表（左）

そこで、同有害鳥獣対策協議会の役員と相談し、昨年九月に発酵させた漬物用の酒粕と米ヌカを、一対一の割合でよく混ぜて、おにぎり大に丸めた「酒粕だんご」を工夫。サツマイモと一緒にオリの中に五～六個の酒粕だんごを入れ、オリの入り口付近にも数個を置いてみた。

酒粕だんごの効果は抜群で、昨年は一九頭ものイノシシを捕獲することに成功した。松本代表は「イノシシは畑の農作物を食害するだけでなく、周囲の土手を鼻で掘り起こして崩してしまう厄介者。一昨年は一頭も捕獲できなかったが、酒粕だんごをエサにしたところ、匂いに誘われて昨年はたくさん捕獲できた」と、秘密兵器「酒粕だんご」の効果を確信している。

同有害鳥獣対策協議会では今年もオリを設置する許可を得たことから、春先に二〇kgの酒粕を購入。発酵していない酒粕と米ヌカで酒粕だんごを手作りし、三月から五月までオリを仕掛けた。松本代表は「まだ山にエサが豊富にある時期なので、農作物の食害も少なく、捕獲することはできなかった。しかし、被害が多くなる秋に向けて酒粕だんごをパワーアップしたい」と、実りの秋に向けて食害防止対策に余念がない。

現代農業二〇〇七年九月号

イノシシとシカの皮、なめして産地にお返しします

「MATAGIプロジェクト」

山口産業㈱●山口明宏

皮利用を始めた産地は三年間で全国二三カ所

「MATAGIプロジェクト」は有害駆除された野生獣の皮を地域振興に役立てていただこうと、三年ほど前に始まった活動です。

現在皮の利活用を目指す産地は二三カ所。試作段階のところから製品化して販売されている産地までいろいろですが、皆さんの皮を一枚五〇〇〇円でなめして、「革」としてお返ししています。

主に国産ピッグスキン（豚皮）や牛皮のなめしを生業とする弊社が、獣皮の利活用を目的としたイノシシやシカ皮のなめし技術開発を始めたのは、今から五年ほど前のことです。島根県美郷町、北海道のエゾシカ協会の各担当者が、弊社の環境に配慮した製革技術「ラセッテーなめし製法」（ミモザの樹皮から抽出した植物タンニンを使う）を野生獣にも応用できないかと、相談にみえたことがきっかけでした。

最初にイノシシとシカの原料皮を一枚ずつお預かりした際、従来の家畜として飼育された動物皮との違いに驚いたことは今でも鮮明に覚えています。

なめされたイノシシ革

一般の流通にはのせられないでも産地の役に立ちたい

しかし、いつ獲れるかわからない。つまり納期が想定不能。処理される際の大きさが不揃いなため、価格設定が困難。野山を駆け回った際の傷の多さが家畜動物皮の比ではない。

皮革卸商に獣皮の可能性を問うたところ、すべての皮革卸商が以上の理由から取り扱いを拒否しました。

となると、弊社で獣皮をなめしても、販売することは難しい。ならばなめした皮革を産地に返し、産地自身で加工・販売してもらえばいい。「弊社なめし技術が役に立つのなら事業として進めるべき」との社内意見の一致により、一枚五〇〇〇円の加工賃のみで活動を継続していくことになりました。

先進地での取り組み

この取り組みを活用する先進地事例としては、島根県美郷町（五二ページ参照）に続いて岡山県や長崎県対馬市があります。

染色は20色の中から選べる

対馬市の商品

「TOTSUAN」というブランド名。江戸時代に島内のイノシシを絶滅させ農民を救った陶《す》山《やま》訥《とつ》庵《あん》が由来。ストラップ（上）と、しおり

岡山県の試作品

吉備中央町商工会の試作品。吉備中央町では今年食肉加工処理施設を増設、町をあげてイノシシの利活用に取り組む

※試作品・商品の一部です。両地域とも他にもいろいろあります

岡山県は、吉備中央町にあるイノシシの食肉加工処理施設から出る皮を活用しようと、取り組みをスタートさせました。岡山県セルプセンター（岡山県社会就労センター協議会）では、県内三カ所の障害者就労支援事業所で製品開発を進め、ブランドロゴも作成、なんと一年間で製品販売にまで至りました。最近は吉備中央町商工会でも、試作品開発が順調に進んでいます。

長崎県対馬市は、市長も弊社の見学に来社いただく関心の高さで、現在地域おこし協力隊を中心に地元の皆さんと製品を製造、一部は商品として販売がスタートしました。いずれも行政等による予算化が施され、非常に速いペースで地域資源化を実現された例です。

ゆるやかでも着実に

地域の特性や状況に合わせて、産地ごとの事業プランを策定することが重要です。予算があると進行の速さが要求されることもあるかと推測しますが、この獣皮利活用事業は可能な限り地元の皆さんのご理解とご協力を得て、ゆるやかに、しかし着実に地域内に浸透するように進めていくことが望ましいと考えます。MATAGIプロジェクトを通じて、廃棄処分しているイノシシやシカの皮が皆様の手に戻ったときには、バッグや財布、名刺入れなど実用的な皮革製品として活用することのできる新たな産地素材に生まれ変わります。獣皮一枚一枚を大切な産地資源として有効活用いただければ幸いです。

MATAGIプロジェクトに参加して皮を使ってみたいと思ったら

ステップ1　まずは１枚なめしてみる

「事前アンケート」と「試作革加工申込書」を事務局に提出後、皮1枚を山口産業あてに発送していただきます（お試しなめしは1枚1万円・送料込）。

ステップ2　ビジョンをかためる

なめされた革を見ながら、地域活動にどう皮を活かすのか、事務局を交えて個別相談します。

ステップ3　活動開始

四半期に1回開催されるMATAGIプロジェクト実行委員会に参加するなど、情報交換や連携を継続的に行ないます。

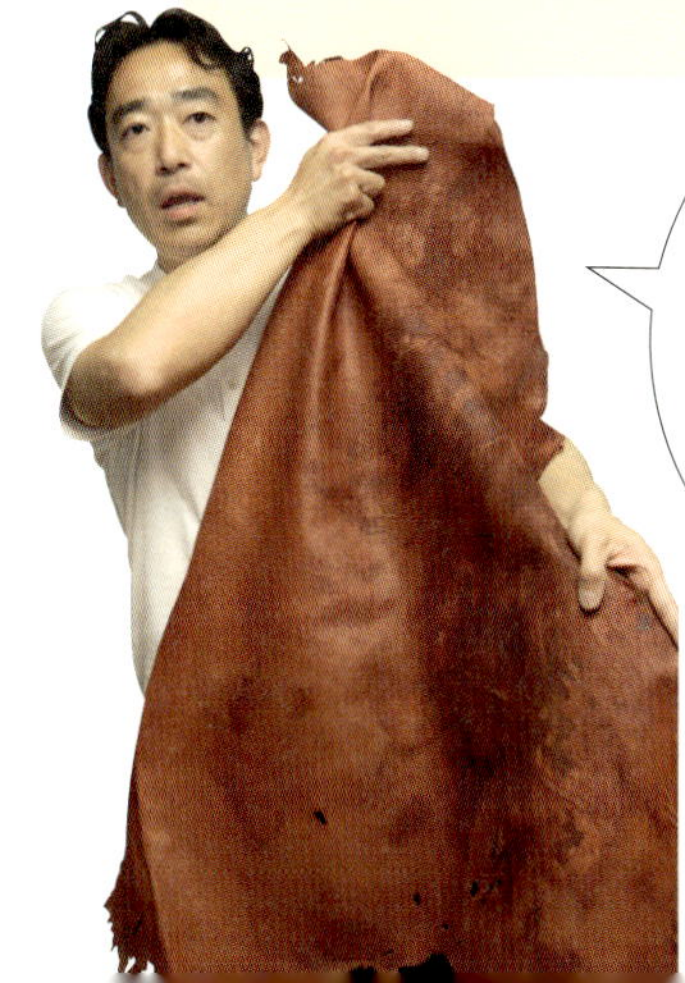

お送りいただく原皮は、産地で前処理をお願いします（次ページ参照）。
皮に肉や脂が残ったままだと皮が腐って、なめしてもこの革のようなシミになってしまいます。

筆者（写真＝高木あつ子）

※お問い合わせ先は51ページにあります

なめし業者に送るまでにやる**前処理**とは

はいだだけの皮は、放っておいたら腐ってしまう。すみやかに前処理をすませてから、なめし業者に送ろう。（編集部）

写真＝高木あつ子

余分な脂身と肉片を取り除く

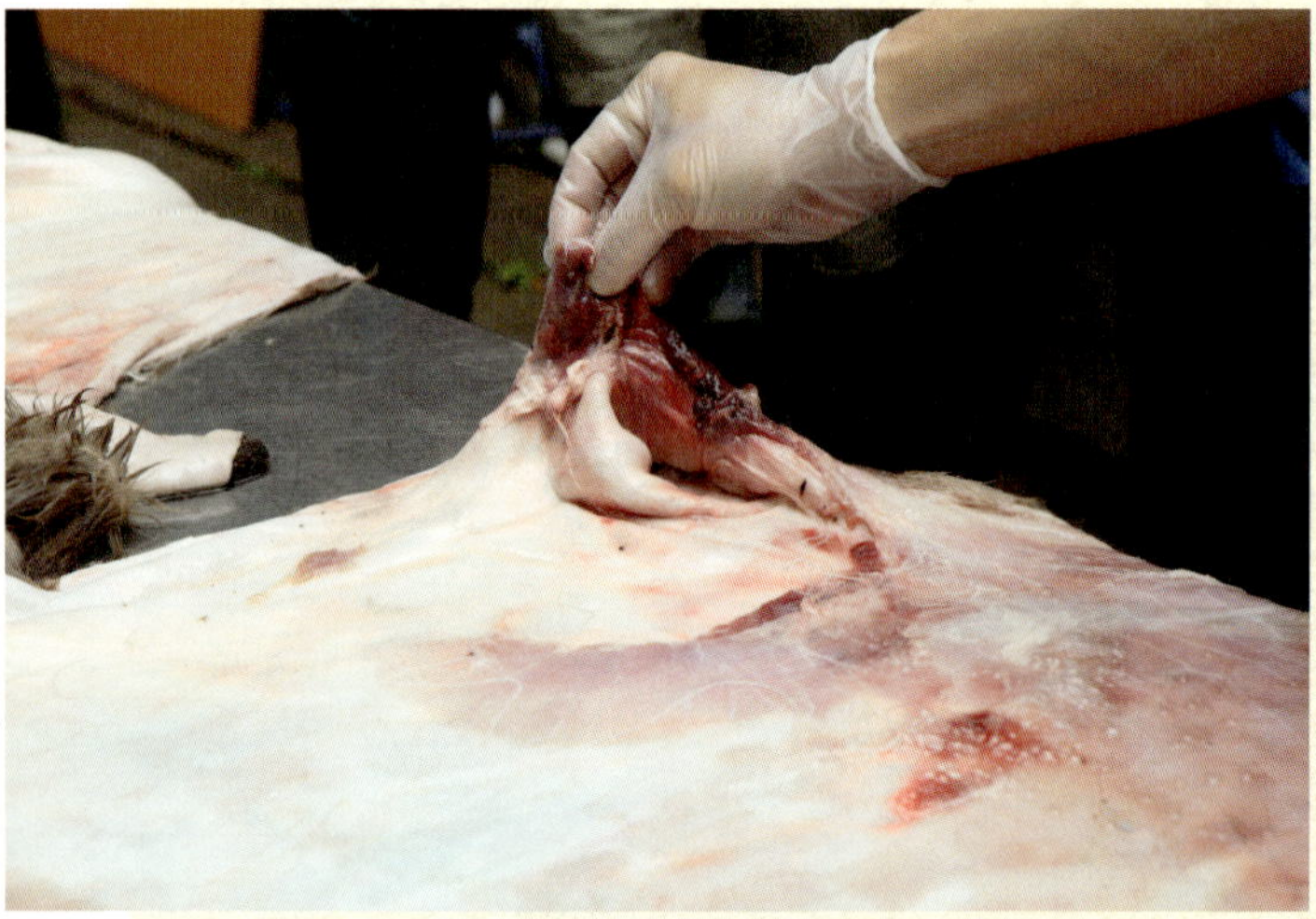

シカ皮。このような分厚い肉片や血の塊、脂身は腐敗の原因になるので取り除く。イノシシはシカよりも脂身が多いので、より丁寧な作業が必要

ナイフは寝かせて

肉片や脂身をそぐときは、皮はぎ用のナイフを使う。皮にキズがつかないよう、ナイフは寝かせて、引っ張りあげた肉と皮膚の間に滑り込ませる

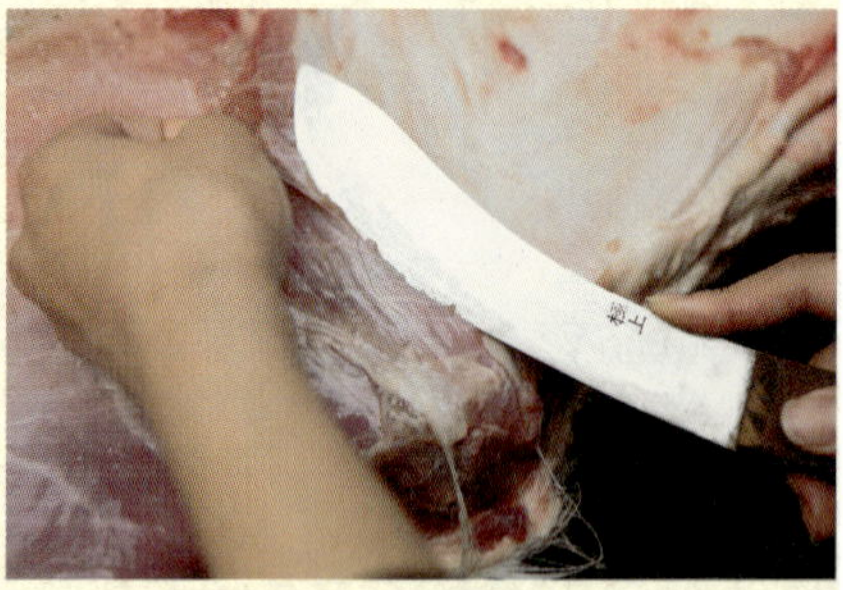

これは楽チン！

高圧洗浄機でラクラク脂＆肉そぎ

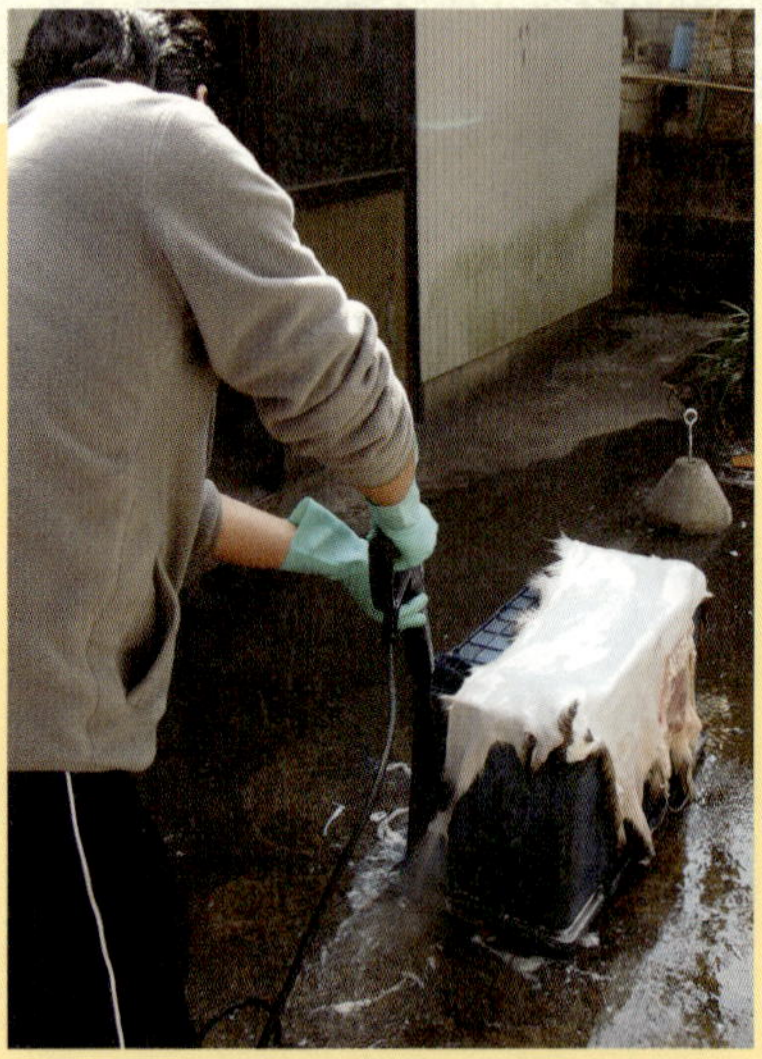

高圧洗浄機のノズルを皮に近づけて、皮の表面をなでるように水圧をかける。縦に垂らした面を、上から下にはいでいくのがコツ。使用する高圧洗浄機はケルヒャー社のもの。通販で2万円弱だった（写真＝牧浩之）

宮崎県高原町の牧浩之さんは、脂身や肉片を取り除くのに高圧洗浄機を使っている。ナイフでそぐとシカ１頭あたり５時間もかかっていた作業が、たった20分でできてしまった。

牧さんは野生のシカの毛を使って釣り用の毛鉤を作る。毛皮はミョウバンでなめす。詳細はブログ「時々狩猟人 しがない毛鉤職人の日常」
http://flytyer.exblog.jp/i22/

塩漬けにして乾かす

ポイント

- 塩の量は皮重量の1/3以上
- 日当たりがいい場所でやると表面だけが急速に乾燥、水分が残った内側から腐敗しやすくなるので注意

塩をふる

肉の面に塩をふる。表面にまんべんなく塩がつくように手でなじませる。塩をふることで、皮から水分が抜けて、腐りにくくなる（分厚い肉片が残っていると、この塩が皮まで浸透しない）

乾燥はスルメイカくらいまで

塩漬けしたまま、風通しのよいところで乾燥させる。乾燥期間は季節や地域によっていろいろだが、目安は「スルメイカくらいの硬さ」。写真のような場所がなくても、ビールケースで十分

発送は常温でOK!

クール便にする必要はない。「冷凍して送ってくださる方もいますが、冷凍すると皮が傷みます」と山口さん。水漏れには注意

MATAGIプロジェクト実行委員会では、前処理をレクチャーするための講座も企画している。また四半期に1度、プロジェクトに参加する産地の皆さんや協力している企業・学校が集まって、情報交換をする場も設けている。MATAGIプロジェクトへ参加して皮をなめしてほしい方は直接事務局までお問い合わせください。

〈お問い合わせ先〉
MATAGIプロジェクト実行員会事務局（山口産業㈱内）
東京都墨田区東墨田3-11-10
☎03-6661-8775　FAX 03-3613-3239
山口産業ホームページ
https://www.yamaguchi-sangyou.co.jp/

季刊地域2013年15号

夏イノシシは皮利用に向いている

島根県美郷町役場●安田 亮

夏イノシシは箱ワナで捕獲して小型オリに移し、食肉処理施設に生体搬送する。臭みのない肉とともに外傷が少ない上質の原皮がとれる

使いきるのが獣への償いと感謝

島根県美郷町は、一〇年前から夏場に農作物を荒らすイノシシの肉を「山くじら」とよんで食肉利用してきた。今、その山くじらのなめし革を使った皮革製品が話題になっている。

一般的に夏のイノシシの肉は脂肪が少ない赤身で「臭くてまずい」と敬遠されがちだ。その誤解を解きヘルシーな夏肉の普及を図るためイノシシの皮を大学の研究室に送り、寄生虫などのデータをとること数百枚。そのたびに「もったいない。皮も夏肉と同様に活用できないものか」と感じていた。まるごと使いきることこそ殺生したイノシシへの償いと感謝、という思いが根底にあったからだ。

五年前、思いが通じて東京都墨田区でなめし（タンナー）をしている山口産業に出会った。「イノシシは豚皮に似ているので面白いなめし革ができますよ」と専務の山口明宏さん。数カ月後、夏イノシシの皮を個人的に三枚だけなめしてもらった。

「なめし革なら夏イノシシ」の理由

三枚のなめし革をはじめて手にした私は、「夏イノシシの皮革製品はこれまでの美郷町の取り組みを語れる商品になる」と思った。

山口専務は「肉片（タンパク質）や脂肪分が皮層に付着した状態でなめすと腐れや色ムラ、物性低下が発生する。肉をとる際に原皮も皮革の原料であることを意識して皮はぎすることが大事」と教えてくれた。

この点、夏イノシシは冬イノシシより有利だ。冬のイノシシは秋口から脂肪をたっぷり溜めこんでおり、皮はぎ用の包丁の切れも脂ですぐ悪くなる。高品質のなめし革のポイントとなる脂肪の除去に手間がかかり、不十分になりやすい。いっぽう脂肪の少ない夏イノシシはあっさりヘルシーな肉がとれるだけでなく、皮はぎも容易だ。

脱毛も、ゴワゴワ硬く長い冬毛よりも柔らかく短い夏毛のほうがきれいに抜ける。繊維ものびやかで加工しやすい。

また、当町では銃器を使わず、主に箱ワナで夏イノシシを捕獲する。大きな外傷や銃弾の穴がない皮が確保できるのもメリットだ。

イノシシのなめし革は、牛皮ほど強くはないが羊皮より強く、繊維質が細かいため豚皮に近い柔らかい仕上がりになるのが特徴だ。

なかでもウリ坊（生後四カ月までのイノシシ）のなめし革は、毛穴が小さく滑らかな肌ざわりで高級革のペッカリーに近い。毎年春から夏にかけて生まれるウリ坊は、六月末～九月に親イノシシと一緒に箱ワナで捕獲されるので、冬の狩猟の時期には獲ることができ

おばちゃんたちは週1回、地元の集会所に集まっておしゃべりを楽しみながら皮革製品づくりに励む

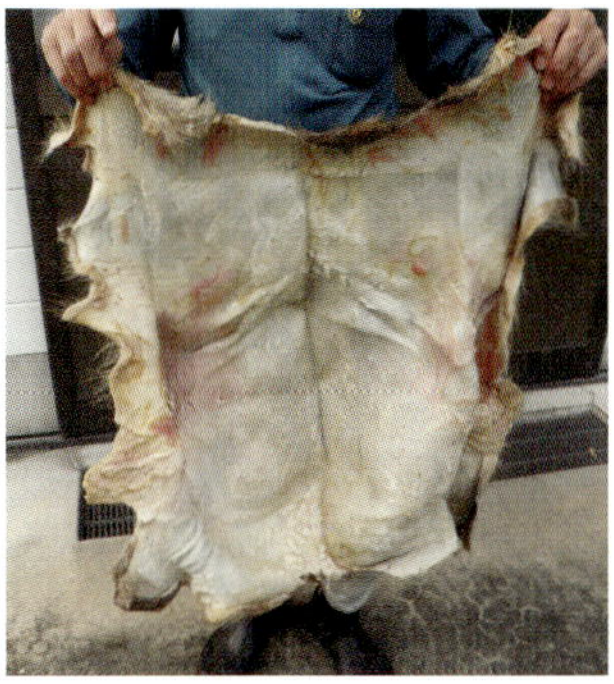
肉を削いだ夏イノシシの原皮。塩漬けにして山口産業（東京墨田区）に送り、なめし革にしてもらう

ひし目で穴をあけ、2本の針で縫い上げる。ミシン縫いでは出せない味のある縫い目。すべてがオンリーワン

夏イノシシのなめし革でつくった皮革製品。名刺入れ、ペンケース、キーホルダー。美郷町に足を運ばないと買えない

きない季節限定の皮でもある。

一つ一つ違う手仕事製品の価値

だが、海外から安価な製品が流入し、日本の皮革製品はなかなか売れない。実用化に向けての青写真が描けずに、三枚のなめし革は二年間自宅の押し入れにしまい込んだままになっていた。

ある日奮起して自ら一〇〇個、名刺入れの製作を委託。できあがった製品には所どころ傷があるのが野生イノシシの皮を使っている証。どれ一つとして同じ柄のものはない。しかし、企業的価値からすると皮革の傷は不良品。さらにブタの皮革同様に、質量ともに安定的な供給を求められる。

そこで、傷もデザインの一つ、野生のイノシシ皮革の個性として企業的価値とは一線を画し、地域内で価値を創り、販売することを考えた。描けなかった青写真、出した答えが「皮革の地産地消」だ。

江の川一帯は明治から養蚕業が盛んで、町には縫製工場があり、女性の手仕事が昭和の後半まで地域の産業を支えていた歴史がある。

当時の手仕事の経験のある婦人会のおばちゃんたちにより、全国でも類を見ない夏イノシシの手縫いの皮革製品づくりが始まった。山口産業になめし加工をお願いして戻ってきた皮革を使い、二本の針で巧みに縫い上げていく。縫い手によって縫い目に個性がある。専用の工業ミシンで一寸の狂いもなく均一に仕上げる百貨店の革製品にはない温かみと風合いがある。

製品はインターネットや通信販売、百貨店との取引などはせずに、週一回活動の場となる地元の集会所に足を運ばないと買えないようにしている。つくり手のおばちゃんたち一人ひとりから手渡すというやり方である。あらゆる情報が満ちている社会だからこそ、いいものは口コミなのだ。

季刊地域二〇一三年一五号

シカのひみつ

食べもの

- 新芽などのやわらかいものを好むが、エサが少なくなれば花のつぼみや樹皮まで何でも食べる。クリやドングリは皮ごと飲み込む

（提供：浅野晃彦）

繁殖

- 9～10月頃が繁殖期
- 230日程度の妊娠期間を経て、5～6月頃に1頭出産する

行動

- お母さんを中心とした2～3頭の小さなグループをつくるが、いくつものグループが同時に出没することで100頭を超える群れになることも
- 繁殖期にはオス・メス共同の群れをつくる
- グループの行動圏は0.5～2㎢と狭い。ただしオスは、新たな生活場所を求めて移動していく。また積雪地帯では、越冬のために数十kmも季節移動する
- 臆病な動物で、人間を見ると一目散に逃げる。少し離れると「ピィッ」という警戒音を発して仲間に危険を知らせる
- 昼間はおもに森林にいて、農耕地などの開けた場所には日没後に出てくる。ただし危険を感じたらすぐ逃げ込めるよう森林から200m以上は離れない

急斜面でのシカ柵設置　金網を地面に長く垂らしてやる

東京都農林総合研究センター●新井一司

急斜面・起伏地では地際が開いてしまう

東京都西多摩郡奥多摩町とその周辺の山間地域では、ニホンジカ（以下、シカと略す）による食害で森林被害が生じ、裸地化した場所がある。二〇〇四年七月には、この山腹から大量の土砂が流出して、奥多摩町の水道施設の取水口が閉塞し、町民の生活に支障をきたした。このため、東京都では、緊急に治山事業を実施して、現在、土砂流出防止と森林復旧を図るなどのシカ被害対策を行なっている。

シカの被害は樹齢を問わない。幼齢木は葉を食害され、壮齢木は幹を傷つけられる。また、下草は、ほとんどの種類が食べ尽くされる。こうした被害を回避するには、柵を設置してシカを入れないことであるが、資材の搬入と設置の容易さから軽量化が重視され、化学繊維のネットが多く使用されてきた。

しかし、このネットは、オスジカの角が絡みやすく、絡んだら外れにくいため、シカが暴れて柵が大きく破損する。また、化学繊維のネットは、ウサギなどに噛み切られる。そこで、こうしたシカの特性や急斜面地が多い奥多摩の地形などを踏まえて、丈夫な柵を設置する必要がある。鉄製の網は、化学繊維に比べて重いが、シカ侵入防止対策にとって、極めて効果的である。

既存の鉄製の網（日亜鋼業製１２５８―６Ｔａ）は、地際に垂らす部分の長さが二五・四cmであり、平らな場所では、効果がある。しかし、奥多摩町の山地のように三五度以上の急斜面で、なおかつ凸凹に起伏のある地形では、地際が開いてしまい、そこから潜り込まれる恐れがある。

シカを網の上に乗せれば潜り込めない

そこで、本研究では急斜面で施工したときにも地際が開くことなく、垂らした網にシカ自身が立ち、潜り込めない構造となるようなデザインとした。また、シカ被害地にはイノシシも生息するため、イノシシにも耐える構造とした。

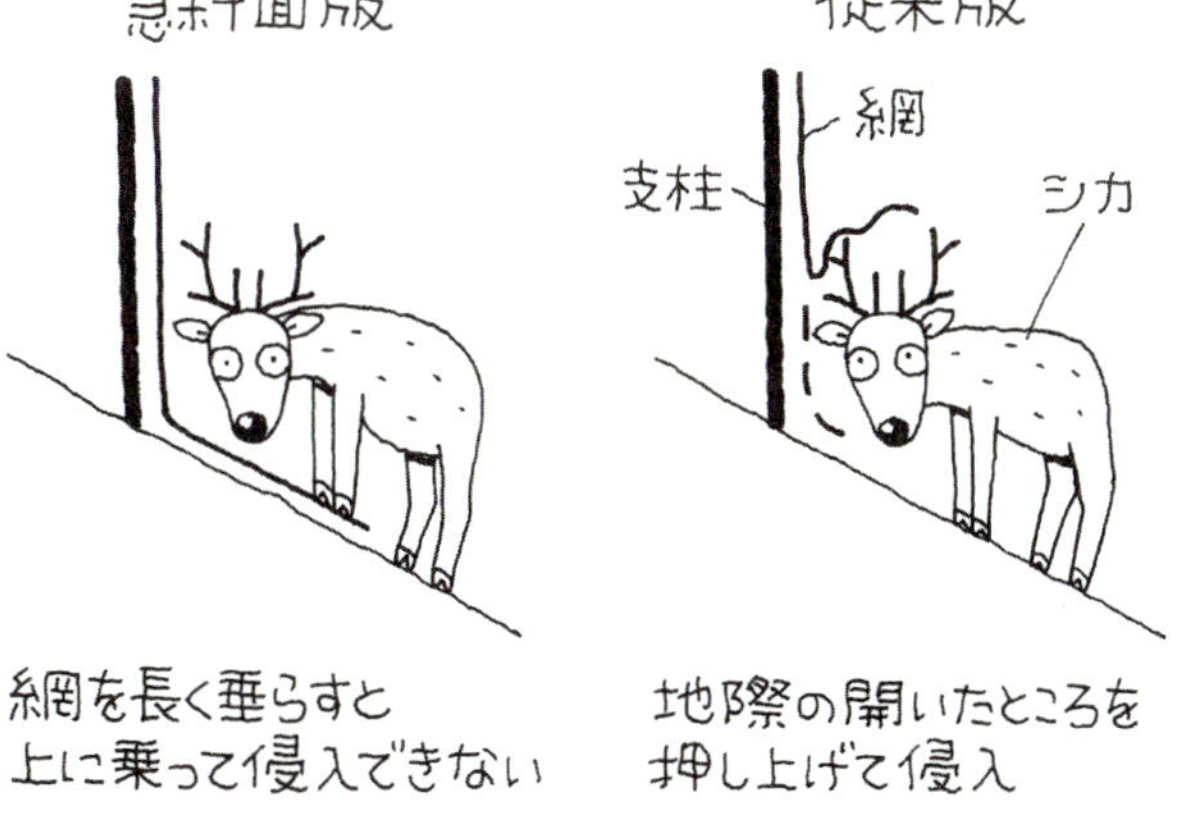
急斜面版
網を長く垂らすと
上に乗って侵入できない
従来版
網
支柱
シカ
地際の開いたところを
押し上げて侵入

一枚の網の構造は、幅一四七・五cmで、網目は粗い部分と細かい部分があり、長さを一〇mとした。これを二枚用いて上下二段につないで設置し、接合部は、細かい網目である一二七mmの側どうしを向かい合わせて結合した。この構造により、地際に垂らした長さは、九五cmとなり、シカが柵の前に立つときは、垂らした網の上に乗ってしまっているようなスペースが確保された。

用いた鉄の素材は、やや柔らかめであるため、地面が凸凹していても網が跳ね上がることなく、地面にまとわりつくので、地面とのすき間ができにくかった。また、金網一巻の重量は、一一・八kgであり、肩に担ぐことができ、傾斜地での運搬は、問題なく容易に行なえた。また、シカ柵の設置でも三五度以上の急傾斜地であっても作業性は良好であった。

この急斜面版シカ侵入防止柵の耐久性は、二〇年以上と推定され、林地はもちろんのこと、農地やイノシシの被害地にも適した仕様であるといえる。日亜鋼業㈱（TEL〇六—六四一六—一〇二一）から購入することができる。

現代農業二〇〇七年九月号

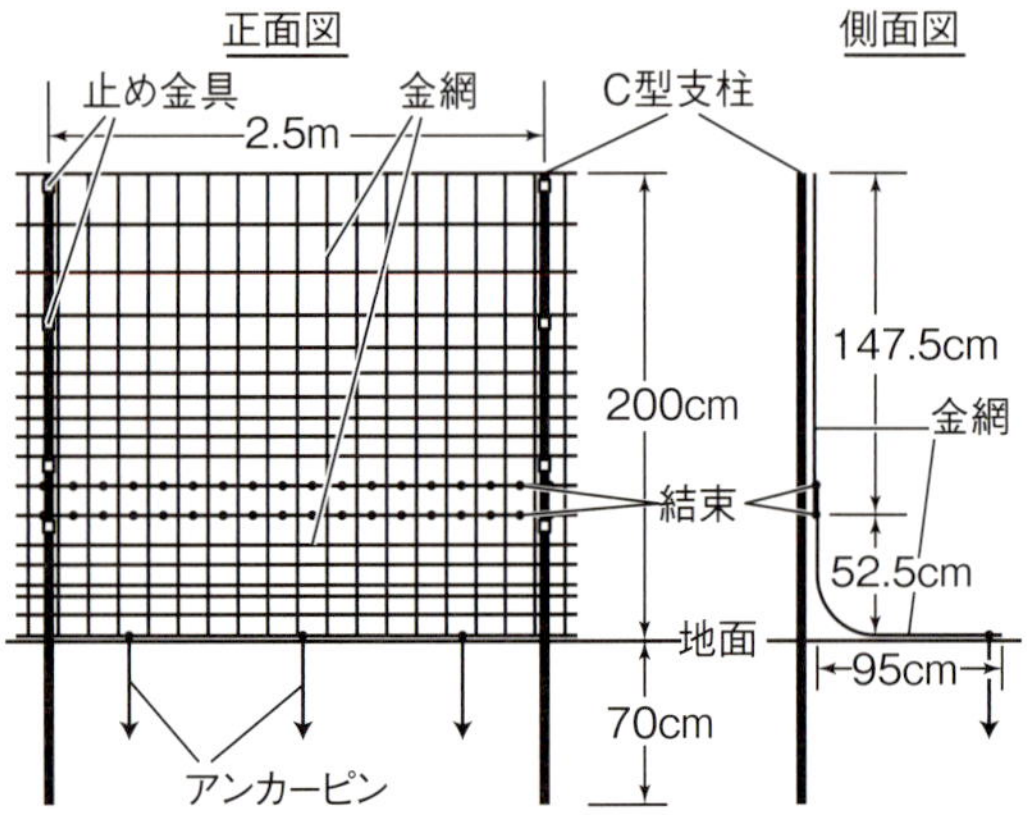

柵の外に電線一本でシカは跳べなくなる

長野県農業技術課●菅澤 勉

長野県ではシカの農林業被害が増加し、山間地にある公共牧場も牧草を食害され大きな問題になっています。

電気柵メーカーのガラガー社（輸入代理店サージミヤワキ㈱）では、高さではなく幅をもたせた、外側一段、内側二段の電気柵を考案しています。これを応用し、牧場の既存の「牧柵」を内側の柵と見立て、牧柵の外側九〇cmのところに、地面から四五cmの高さにシカの目に入りやすい幅広のリボンワイヤー（一二mm）を張り、六〇〇〇V以上の電圧で通電する試験を行ないました。

シカの出没が多かったN牧場では、電気柵設置後、試験区内の自動撮影カメラで撮影されたシカは少なくなり、通電をやめたところ再び多くのシカが撮影されました。侵入防止効果がみられたことから、長野県内ではほかの牧場でも試験が始まっています。

ネット柵などをしていてもシカの侵入がある場合、この技術を応用し外側に一本電気柵を追加し、高電圧で通電することにより侵入防止効果は高まると考えられます。

現代農業二〇一一年四月号

監視カメラに写っていたシカ。踏み切りが合わずにあたふたするだけで中に入れない

自家用畑に最適、多獣種に対応
獣塀くんライト

山梨県総合農業技術センター●本田 剛

獣塀くんライト。サル、シカ、イノシシ、ハクビシンなどさまざまな獣害に効果が期待できる（これは試験的に一部分だけ設置したところ。本来は畑を囲うように設置する）

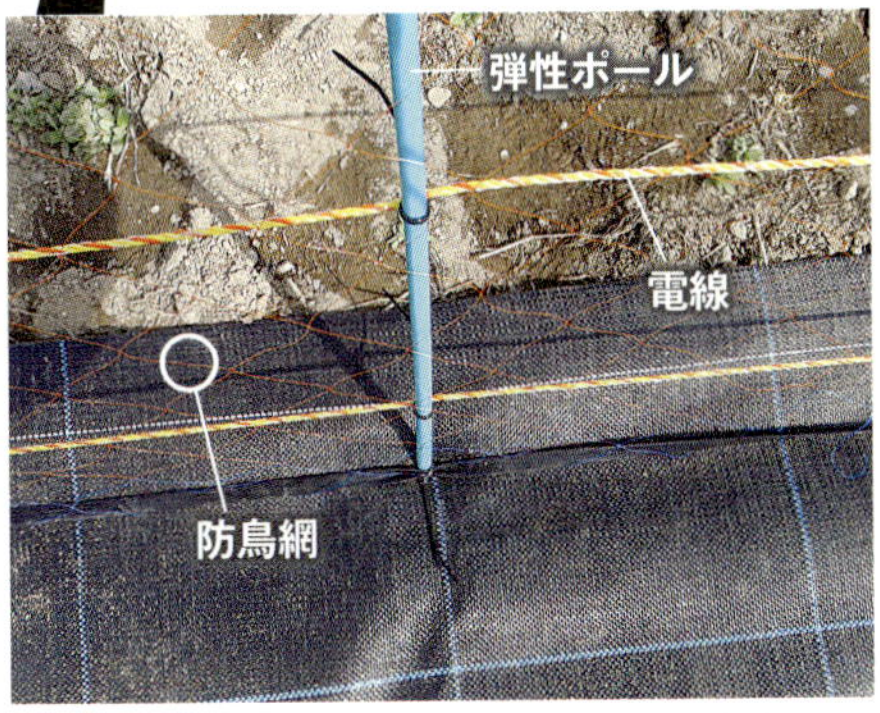

電線、防鳥網、弾性ポールの組み合わせがポイント。下に抑草シートを敷くと雑草による漏電を防げる

電気柵で侵入をあきらめさせる

ケモノ全般による農業被害を防止するためには電気柵が便利だ。サルやハクビシンは、網で囲ってもそれをよじ登る。電気で刺激を与え、畑に入ろうとするとエライ目に遭うという経験を積ませ、電気柵があったら畑に入ることをあきらめるケモノを作り出すことが被害軽減につながる。これを専門的に言えば忌避効果だ。電気柵利用のポイントは、この忌避効果を維持することにある。

電線と電線の間から侵入する

さて、ケモノをエライ目に遭わせるためにはどうしたらよいだろうか。簡単だ。畑に入ろうとするケモノを確実に感電させればよい。どうやって？　そう、そこが問題になる。

従来型の電気柵は電線を何本も設置して侵入を防ごうとしてきたが、ケモノは電線と電線の間から畑に入ろうとする。これでは不十分だ。電線でなく通電面にすればすき間がなくなり効果は上がるはずだ。だが、通電面にするためには金網が必要になりコストが上がる。

電線＋網の組み合わせ

電線のすぐ内側（畑側）にナイロンの網を張ったらどうだろう。ケモノは網がじゃまだから、引っ張ったり噛みついたりして破こうとするはずだ。でも、網の前には電線がある。網を破ろうとすれば電線に触ってしまう。

この網を使うという一工夫で、まさに通電面になるような電気柵にしたのが、山梨県で開発した獣塀くんライトという柵だ。柵の内外に自動撮影のカメラを設置して効果を確認したところ、柵の外ではサル、イノシシ、シカ、ハクビシンなどが一一一八頭撮影されたが、中での撮影は五頭だけ。おそらくこれを読んでいる方にも満足していただける数字だろう。

なお、獣塀くんライトに限らず、電線のみの電気柵で効果が十分発揮できない場合は、防鳥網を追加すると効果はもっと上がるのでお試しを。

柵の支柱に弾性ポール

獣塀くんライトの特徴は、電線に防鳥網を組み合わせて侵入を防止することだが、もう一つポイントがある。柵の支柱にビニールトンネル栽培用の資材である弾性ポール（直径八・五㎜）を使うことだ。弾性ポールを支柱に使うと、動物の体重でしなるため、登ろうとしても動物の後ろ脚は地面に着いたままだ。だから、サルでも感電させることができる。

また、弾性ポールはグラスファイバー製で電気を通さないから、ガイシを使わずに、支柱に直接電線を固定できる。固定方法は結束バンドで十分だ。ガイシは一個九〇円ほどするが、結束バンドなら一個一円で、固定するときの作業も楽だ。農協などですぐ購入できる。

さらによく曲がる弾性ポールなら、冬に柵が雪だらけになり（着雪）、倒れてしまっても、雪が解ければまた自分で立ち上がる。製作費も一〇〇mあたり一万八〇〇〇円（電牧器別途）と

柵の作り方

弾性ポールに9本の電線を固定する（地表からの高さは5、20、40、62、84、106、128、150、172㎝）

柱に電線を張るためのマイカー線を結束バンドで固定する。針金はアースとして地面につなぐ

防鳥網（45または30㎜目合い）を柵の内側に広げる。両端にあるヒモを通す部分（矢印）には、網の上は通電線、下はマイカー線を通す。防鳥網に付属しているヒモでは強度が足りないので使わない

マイカー線は防鳥網ごと弾性ポールに結束バンドで固定する。このとき、マイカー線を引っ張りすぎると浮き上がって地表とのすき間ができ、そこからハクビシンなどが侵入するので注意

山梨県総合農業技術センターのホームページで作り方の資料を公開
（https://www.pref.yamanashi.jp/sounou-gjt/documents/light20120711.pdf）

安く、簡単に作ることもできて、よいことずくめだ。

大まかな柵の作り方は前ページのようになる。柵の構造を十分に理解し、自分で作ってみようという方は、インターネットで作り方の資料を公開しているので、そちらも見てほしい。どんなに簡単か、さらによくわかるだろう。

利用上限は補修が可能な一五aまで

ただし、この柵には限界もある。たとえば、この柵を集落単位で使用することはできない。柵の畑側に防鳥網を張ると、侵入しようとしたケモノに時々破られる。この破られた部分は結束バンドで簡単に補修できるが、やっかいなのはこの破れた場所を見つけるのが難しいということだ。

もともと細いナイロンの糸で作られた網は、破られてもすぐ近くで確認しないと気づかない。だからこの柵は自分の畑を守るためにだけ使うのがよい。上限は一五aぐらいだろう。それより広くなると中で農作業をしていても、柵の破損に気づかないから管理ができず、柵の効果が失われてしまう。

現代農業二〇一七年七月号

シカやイノシシを撃退
「追い払い君」

長野県川上村●杉山憲一

「追い払い君」は市販のセンサー付き白色灯と拡声器を組み合わせて、足場パイプに取り付けたもの。動物が通ると体温と動きを感知して、三〇秒間白色灯が点滅し、サイレンが鳴り響きます。音はサイレンとアラームの二種類あり、音慣れ防止のため時々手動のスイッチで切り換えてやります。ライトはシカにも効果のある白色灯を使っています。シカは赤色に対しては色盲のようで、以前赤色灯を使ったらまったく効果がありませんでした。

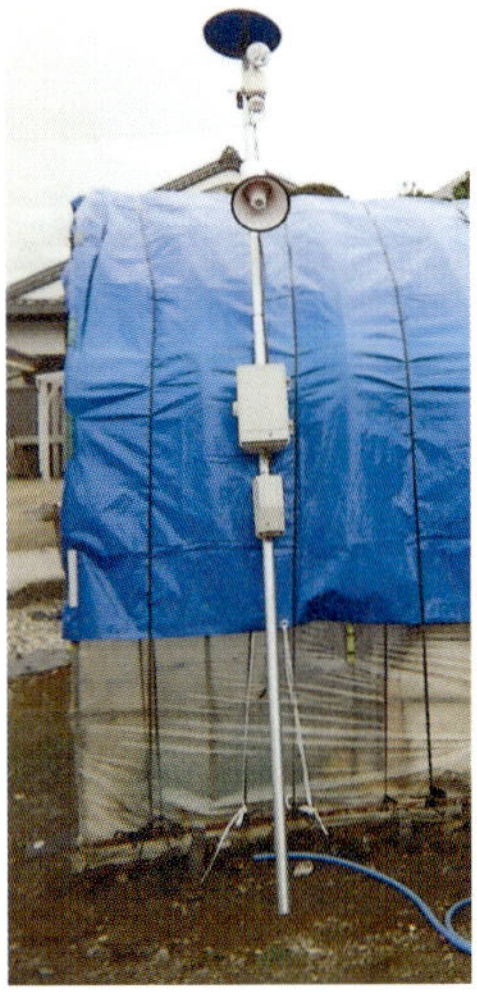
追い払い君
（TEL090-3316-5459）

もともと私が困り果てていたのはレタスやハクサイ畑を食い尽くすシカ。一反分の畑がまったく収穫できなかったこともありました。これはなんとかしなければいけないと考え、電機工場に勤めていた知人の力を借りて作ったのが「追い払い君」です。こんなものが効くのかと思われるかもしれませんが、数年研究して人にも貸し出して効果を確かめました。今のところシカ、イノシシ、ハクビシンなどのおもな動物には効果絶大です。サルへの効果だけはまだ試験できていません。効果があるのは半径四〇mほどで、単一電池六本で三～四カ月ほどもちます。

現代農業二〇一三年十一月号

シカが来ない！

センサー付き爆音威嚇装置

福井県若狭町●中西英輝

筆者と爆音威嚇装置。指で差している部分で火薬が爆発する（問い合わせはTEL090-8968-7600 中西まで）

従来の鳥獣害対策として、電気牧柵・爆音器・ロケット花火等がありますが、いずれも「こちらからの常時一方的能動的な方法」では動物がマンネリ化し、あまり逃げなくなりました。

そんな方法ではなく、人間が物陰から「わっ」と大声出されたらびっくりするように、動物が近づいてきた瞬間に爆音で威嚇したほうが効果絶大です。私は赤外線ビームセンサーとステンレスワイヤー柵で水田を囲い、動物がセンサーに触れた瞬間に火薬が爆発する器械を発明しました。

火薬（かんしゃく玉）を使うと、①大爆音による音の威嚇、②煙が燃えるニオイの威嚇、③火薬の燃えカスによる忌避効果と三段階の威嚇効果があります。

今年私の水田に設置しましたが、まだシカは一歩も踏み入れておりません。センサーをつけなかった両隣の水田はすでにシカに食害されています。

現代農業二〇〇九年九月号

装置の設置例

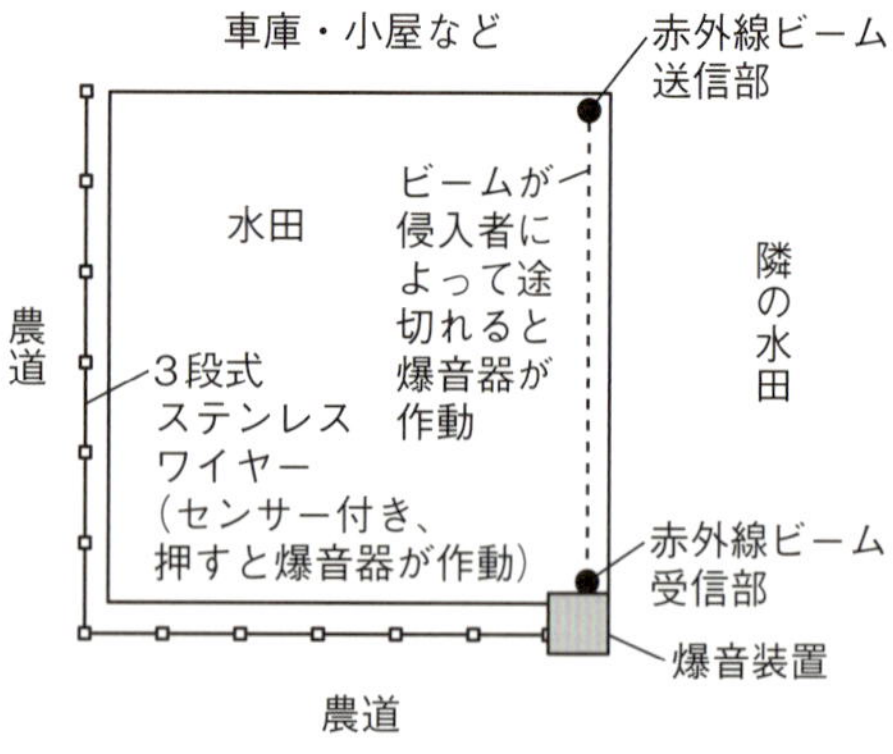

※隣の水田との境にはワイヤーが張れないので
赤外線ビームを設置。

青色LEDで夜行性害獣を追い払う

「シシバイバイ」

福島県飯坂町●浅間好次

本製品は、夜行性動物が夜間青色の光を判別できる特徴を利用し、一〇〇m先からでも判別できる超高輝度青色LEDを使用した夜行性動物忌避装置である。

円形基盤に超高輝度青色LEDを外周に等間隔に組み込み、光センサー、タイマー回路用電子部品を内蔵し、防水ケースに入れている（LEDはタイマーにより三秒おきに間欠発光する）。四方どこからも、敵（肉食動物）の二個の目が移動しているように見せることで、夜行性動物に危機感を与え田畑への侵入を防止する。風受け板を取り付けて糸で吊るため、風が吹くと動物が動いているように見える。

定期的に設置場所を移動させると動物が慣れることなく効果が持続する。

イノシシのように侵入路が明確な場合は侵入路付近に設置し、シカやハクビシンなど経路がわからないときは、田畑から一〜二m外側の見通しのいい場所に設置する。

ＬＥＤを使用しているうえ、光センサーにより一定の明るさ以下になったときだけ発光するため消費電力が少ない。単三型乾電池四本使用で約一五〇日間点灯可能である。

㈲アサマ技研（TEL〇二四―五四二―七三〇一）

現代農業二〇〇九年九月号

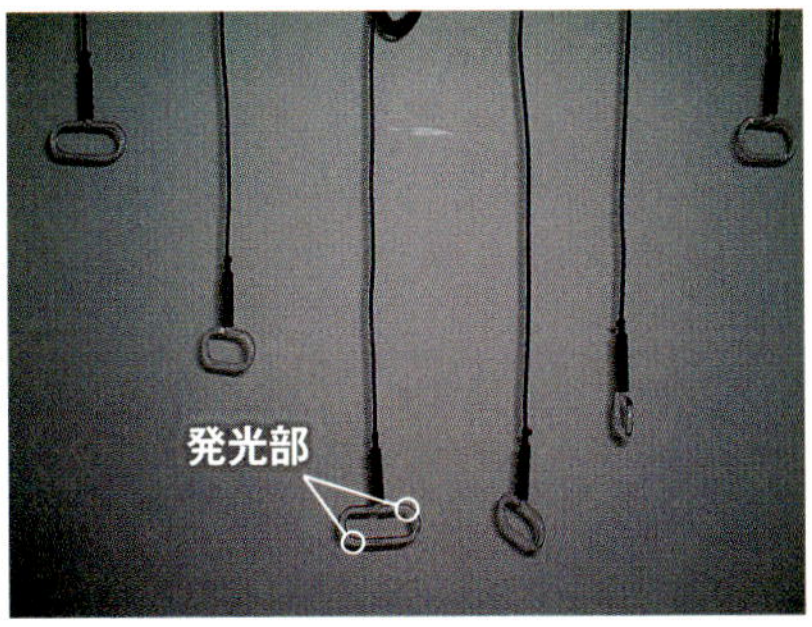

敵の目（光源）を増やし、より広範囲をカバーできる新製品（9500円）

水田の入り口付近に動物の目の高さに合わせて設置（大型タイプ12800円、小型タイプ6500円もある）。6個のLED が組み込まれ、1個おきに半分ずつ交互に点灯

スズランテープを巻けば獣はヒノキの皮をはがせない

群馬県みどり市●小森谷桂子

これは森林開発公団の方に教わった方法です。家族で林業を営んでいます。ヒノキの皮をシカやクマが剥ぐので、困っていました。ひどいときは木が枯れてしまいます。

幹にスズランテープを巻きつけるようになってからは、シカやクマがほとんど悪さをしないようになりました。テープに爪がひっかかって、やる気をなくすのかもしれません。

現代農業二〇一一年四月号

筆者。山に行くときは必ず腰に鈴をぶらさげておく。うるさいからと、鈴をつけない主人は二度ほどクマに出くわしたことがあるが、自分は一度もない

1.5mの高さまで、幹にスズランテープを巻きつける。まずは上から下に向けて巻いていき、折り返して、今度は下から上に巻く。幹が太くなったときに食い込まないように、テープはギュッと結ばない。注意点としては、テープがゆるくなったらまきなおす。伐採の際、チェーンソーの刃にからまってやっかいなので、とりはずしておく。

県がワナを無償配布＋名人の講習会
シカとイノシシ二六〇〇頭を捕獲！

高知県鳥獣対策課●宮崎信一

講習会の様子。名人の話に聞き入る参加者

県内の鳥獣害の七割以上はシカとイノシシ

高知県は、森林率八四％と全国一位の森林県で、南に太平洋、北には四国山地がそびえ、沿岸部から愛媛・徳島との県境まで大部分が山に占められ、そこには多くの野生鳥獣が生息しています。

本県の中山間地域では、わずかな平地を利用して農作物を耕作していますが、長年にわたり鳥獣被害に悩まされています。農林業の被害額は、ここ数年、三億円を超える高止まりで推移し、中でもシカとイノシシの被害が多く、その割合は七六％を占めています。

とくにシカによる食害は深刻で、農作物、人工林・自然林、希少な自然植生などの被害が増加しており、人間の生活が脅かされる状況になっています。被害防止のためには柵による防護に加え、積極的な捕獲による生息数の管理が急務となっています。

免許を持っている人みんなにワナを設置してほしい

環境省の調査では、高知県にはシカが七万三八二〇頭生息していると推計されています（平成二十五年度末）。県では、シカの生息頭数を半減させるため、年間のシカ捕獲数を三万頭、イノシシは捕獲実績などから二万頭を目標にしています。

平成二十年度狩猟方法別捕獲数では、銃とワナの割合がほぼ半々。それ以降、徐々にワナでの捕獲が増えてきていました。自分の田畑を守るために、免許を取る農家の方が増えてきたのだと思います。

ただ、せっかく免許を取ってもワナのかけ方がわからなかったり、そもそもどのワナを使えばよいかわからない、また、一個約一万円もするワナを購入するには負担がかかるなど（一人最高三〇個までワナを設置できる）、せっかく免許を持っていてもワナを仕掛けない人が多くいるようでした。

そこで、そうした方達にもワナをもっと活用してもらい、県全体のシカやイノシシの捕獲頭数の底上げをするために県を挙げて動き始めました。平成二十五年度より、森林環境税を活用して、被害がある集落に無償でくくりワナを配付し、集落ぐるみでシカやイノシシの捕獲を推進したのです。

加害鳥獣別の農林業被害額の割合（高知県）

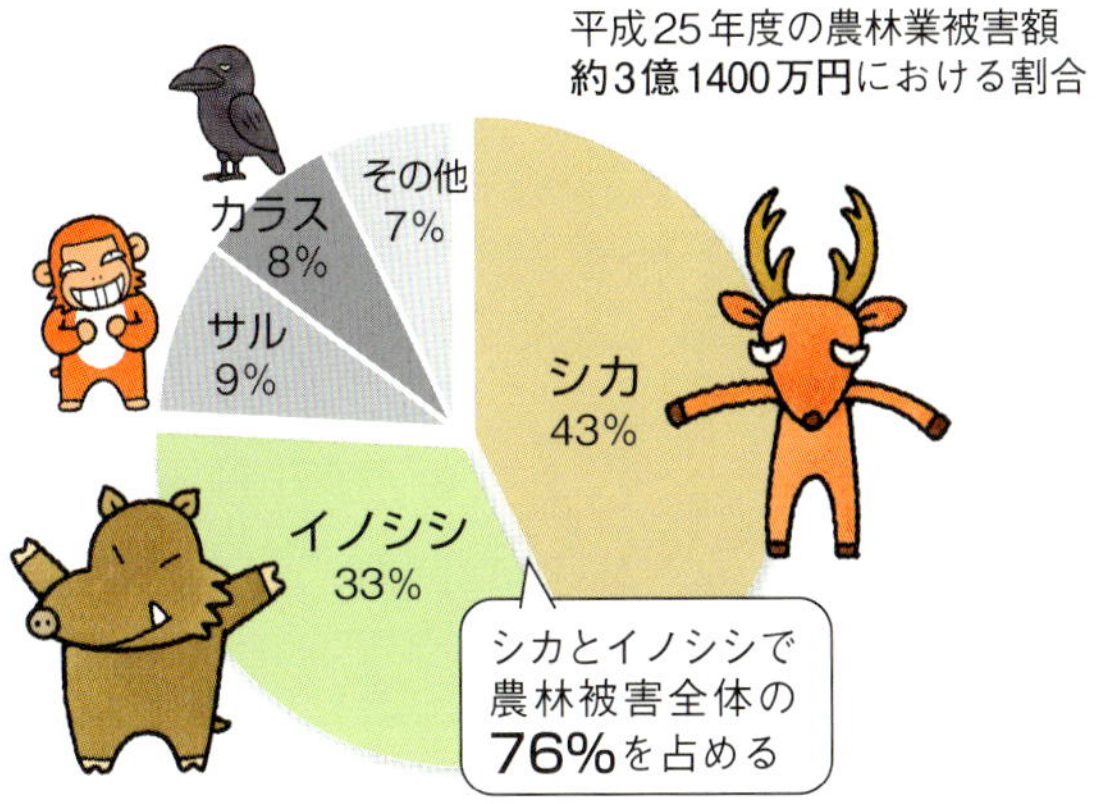

使いやすいワナを地元企業が開発

しかし、当時、県内にはくくりワナ製造業者はありませんでした。そこで、次の視点で民間事業者にこれまでにない新しいワナの提案・開発をお願いしました。

・女性や高齢者、初心者でも仕掛けやすい
・安全性が高い
・捕獲実績が上がる
・比較的安価である　など

各事業者から提案された数種類のワナを狩猟者一〇名に実際使っていただき、モニタリング調査をしました。その結果、もっとも評価の高いワナを選び、購入・配付しました。

このワナは、高知市内の㈲西川製作所が作製したものです（大永造船㈱が販売）。押しバネ式で鉄製の踏み板が中折れする構造です。シカやイノシシが踏み板を踏むと、ワイヤーが足を捕らえる仕組みです。

設置方法は簡単。本体が薄いので設置する穴も浅くてすみます。その他にも使いやすい工夫がいくつかあります（次ページの写真）。

このくくりワナを、初年度（平成二十五年度）は五〇〇〇個（二四市町村五三九集落）、市町村を通じて無償で配付。翌年度は、踏み板を工夫し、バネの強力化、ワナ全体の軽量化などの改良を加え、四〇〇〇個（二五市町村四六六集落）配付しました。

ワナ名人の講習会が大人気

県では、くくりワナの配付に合わせ、捕獲実績の多い、いわゆる「ワナ名人」に講師を依頼し、捕獲技術講習会を行なっています。

この講習会は、実際に山に入って、設置場所のポイントやコツ、ワナの取り扱い方など、名人のマル秘技術を、初心者にもわかりやすく実技指導するとともに、狩猟者の悩みや疑問にもお答えするようにしています。

たとえば、ワナは設置場所が重要です。広い道に仕掛けるのではなく、シカやイノシシがよく通る道に設置する。シカやイノシシは木（小枝）をまたいで歩くが、その木の前後にワナを仕掛け、ワナへ誘導するように設置するとよく捕まる。

このような実践的なお話が聞けます。参加者の方からの評判は上々で、熱心

❶ 踏むとここで折れる
❷ 金具が立ち上がりながらワイヤーが締まる

ここに竹串や楊枝を入れる。上からの重さで折れるとワナが作動する。太めの串を入れれば、猟犬など軽い動物はかからない

専用ハンドルを使って簡単にバネを縮められる

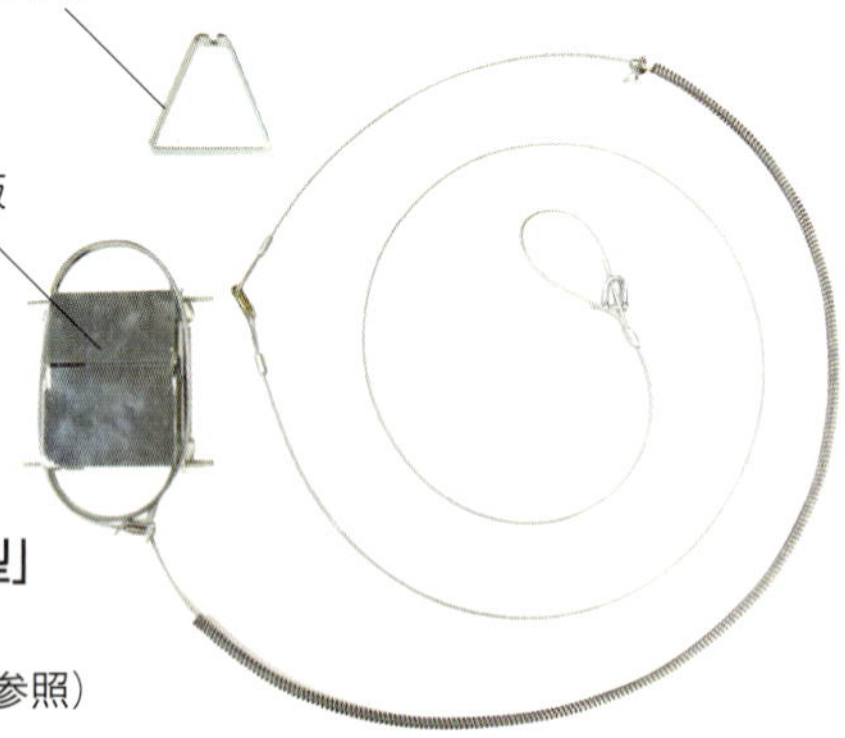
専用ハンドル
鉄製の踏み板

「わな造君　N－2型」
（現代農業特選シリーズ9『ワナのしくみと仕掛け方』参照）

な方は場所が遠くてもいろんなワナ名人の講習を受けています。

開催回数は、平成二十五年度で三九会場（参加者五〇〇名）、平成二十六年度は三一会場（五四四名）、今年度は二五回実施する予定です。

ワナの設置マニュアル本を県が作成

また、さらなる捕獲の底上げ対策として「わな猟シカ捕獲マニュアル」を作成し、県内のワナ狩猟者全員に無料で配布しました。このマニュアルには、ワナの種類や特徴、シカの特性、五人のワナ名人の技やコツなどのマル秘ポイントを紹介しています。初心者でもわかりやすいようイラスト中心にまとめました。冊子での配布は終了しましたが、全国で鳥獣害にお困りの皆さんに利用してもらいたいので、高知県鳥獣対策課のホームページで紹介しています。ぜひご覧ください。

ワナの配付と講習会の開催、またマニュアル本の作成により、平成二十六年度の捕獲実績は、シカ二万一一二四頭、イノシシ一万六四三四頭と過去最高の実績で、平成二十年度と比べると、シカは約二・五倍、イノシシは約一・

九倍に増えました。配付したくくりワナによる捕獲実績は、平成二十五年十二月～平成二十七年三月に、シカ一二三三頭、イノシシ一三八一頭、合計二六一四頭となっています。

事業三年目になる平成二十七年度も、三八〇〇個のワナを、被害のある集落と新規狩猟者（新規ワナ猟の狩猟登録者）に配付する予定です。

作成した「わな猟シカ捕獲マニュアル」

鳥獣害を減らす、いろんな取り組み

このほかにも独自の取り組みを行なっていますのでご紹介します。

▼新規狩猟者対策

高知県では減少傾向にある狩猟者の確保も重要な課題です。このため、県独自に狩猟フォーラムを開催し、狩猟の魅力や社会的役割を広くPRしています。また、狩猟免許試験を土日に年一六日開催し、うち四日は出前試験で各地域に出向くなど、受験機会の拡大に取り組んでいます。

▼JAに鳥獣被害対策専門員

また、本県独自の取り組みとして、JAに「鳥獣被害対策専門員」を一二名配置しています。専門員は、住民からの相談に迅速に対応し、柵の設置や捕獲の仕方を現場で直接指導するとともに、県が進める集落ぐるみでの被害対策などを担っていただいています。

以上、高知県の取り組みの一端をご紹介しました。鳥獣害対策は、待ったなし！　特効薬がない中で、試行錯誤しながら、地道に、実効ある対策を進めています。

現代農業二〇一五年九月号

高知県内の捕獲数の推移

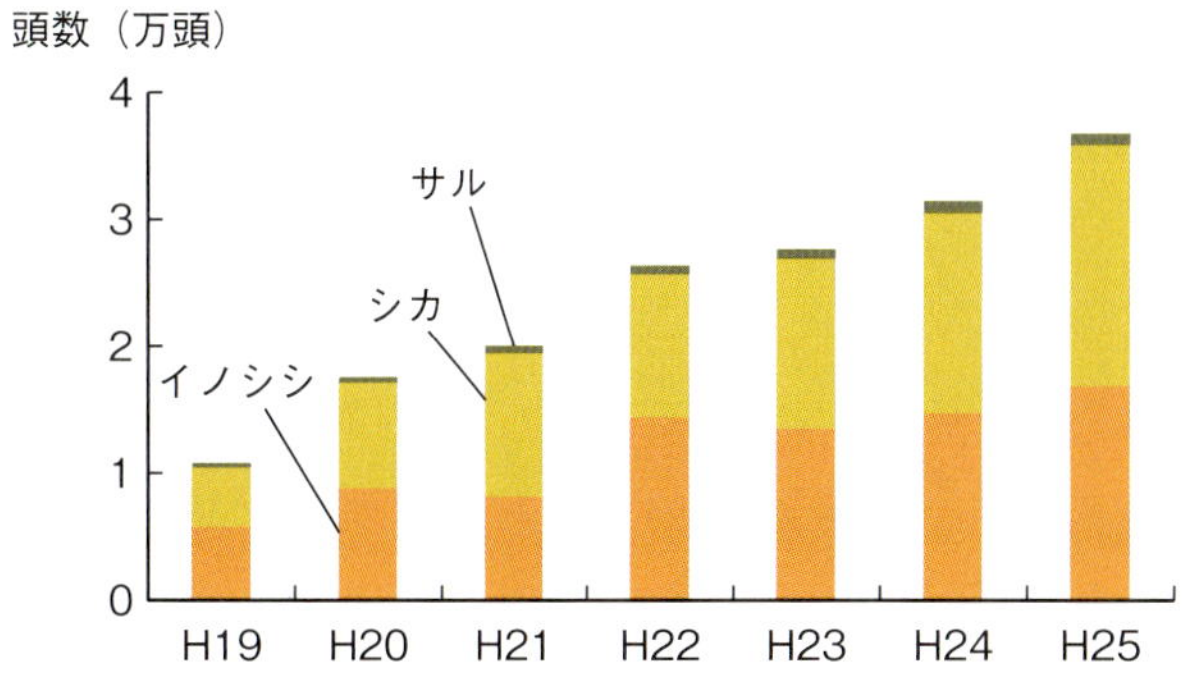

年々、シカとイノシシの捕獲頭数は増えている。
平成25年度は約8割をワナで捕獲

シカ＝マズイはもう古い!
シカ肉をおいしく食べる方法

兵庫県丹波市●鴻谷佳彦さん

シカの背ロース（1匹の片側分）。白く見えるのは脂ではなくスジ（すべて尾﨑たまき）

せっかく獲れた獣肉はおいしく食べたい。とくにシカは「マズイ」「かたい」「臭い」と敬遠されがち。

でも「ほんの少し調理に気をつければ、どんな料理にも合わせやすい素材になる」と兵庫県丹波市でシカ肉料理店を営む、鴻谷《こうたに》佳彦さん。

シカ肉の調理の基本を教えてもらった。

シカ肉は本当に「マズイ」のか?

「以前は僕も、シカ肉はどうにも生臭くてかたいものだと思いこんでいました」と鴻谷さん。「でも知人から日本人はクジラを食べるんだから、シカ肉だって食べやすいんじゃないかと言われて、あれこれ工夫してみたら、あっさりしていてクセがない。とても食べやすい肉になりました」

おいしくするポイントはおもに二つ。まずはきちんと血抜きされた新鮮な肉を使えば臭みはないこと。そして、シカ肉の水分を逃がさないように火加減に注意すればかたくならないこと（調理法は六八、六九ページ）。そんなシカ肉は和にも洋にも合うので、これまでもサラダや炒め物など一〇〇〇以上のシカ肉レシピを教室などで紹介してきた。

「シカは鉄分が豊富で栄養価が高いうえ、低脂肪で極めてヘルシー。いいことずくめのオイシイ肉でしょ」

さっそく鴻谷さんのシカ料理をいただくと、モモ肉のローストはしっとり。スジ肉の竜田揚げにいたっては、ほろりと口の中でほぐれるほどやわらかいのにびっくりだ。

火加減次第で雲泥の差

だが、いつぞやバーベキューで食べたシカ肉はかたくて噛み切るのも大変だった。「シカ肉はパサパサしている」という評価も。

鴻谷さんによると、肉のかたさは「魚の赤身を扱うつもりになると失敗が少なくなる」とのこと。シカ肉も赤

栄養素の特徴

● 高タンパク・低脂肪・低カロリー！

シカはタンパク質や鉄分、亜鉛が豊富で栄養価が高いうえ、低脂質でヘルシー。またシカ肉の鉄分はヘム鉄といわれ、他の動物に比べて体内に吸収しやすいという。

シカ肉、イノシシ肉、牛肉、豚肉の比較

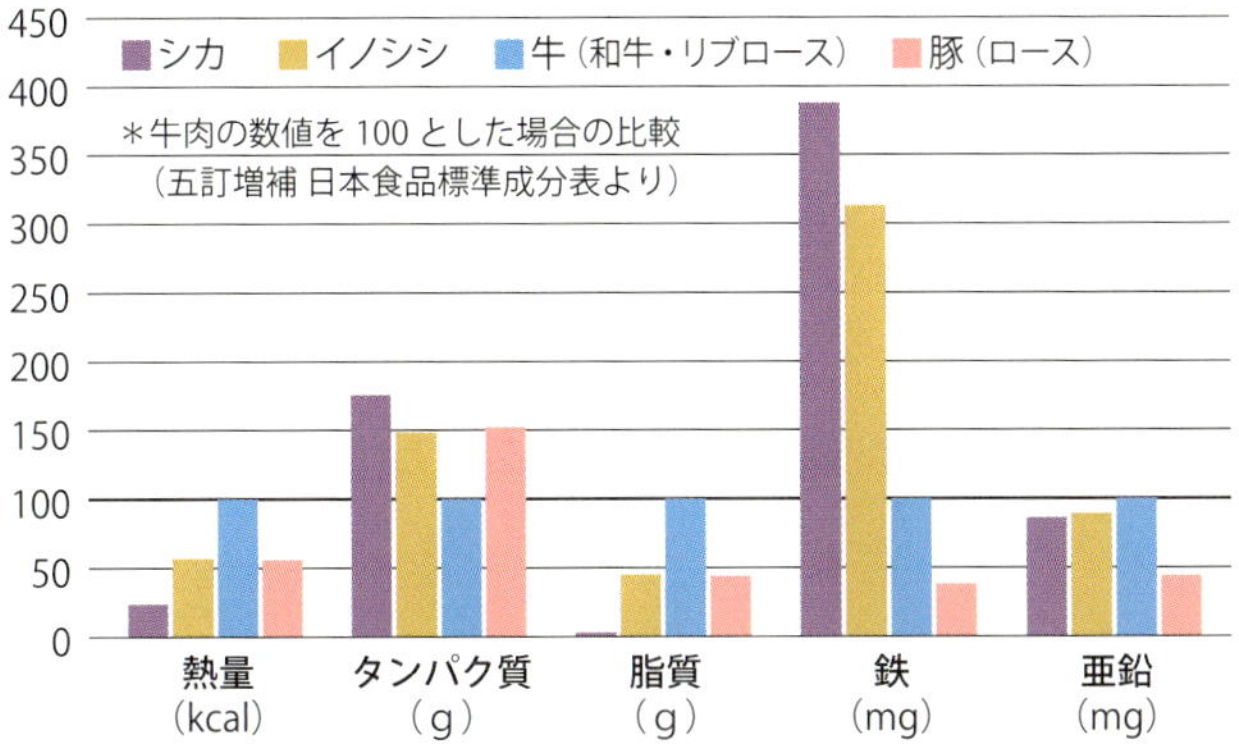

● 体脂肪燃焼やアンチエイジングに！

シカやイノシシにはカルニチンやアンセリンなどの機能性成分が含まれていることもわかってきた（福岡県）。

カルニチンは、体脂肪燃焼やスタミナ源としての作用があり、アンセリンは、抗酸化性があり疲労回復・アンチエイジングに役立つ。

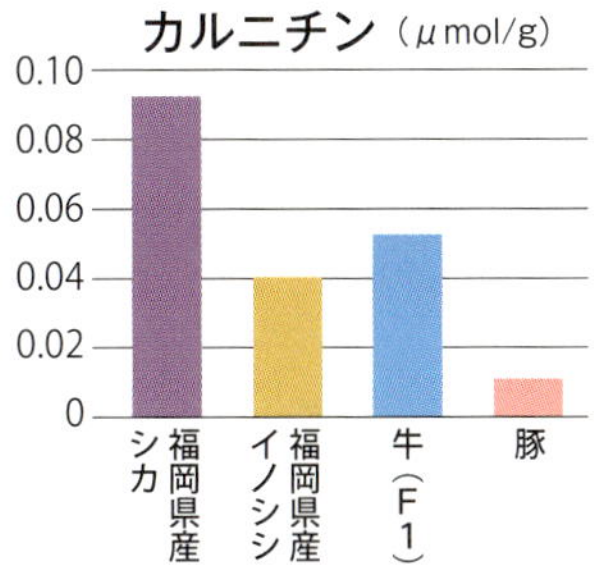

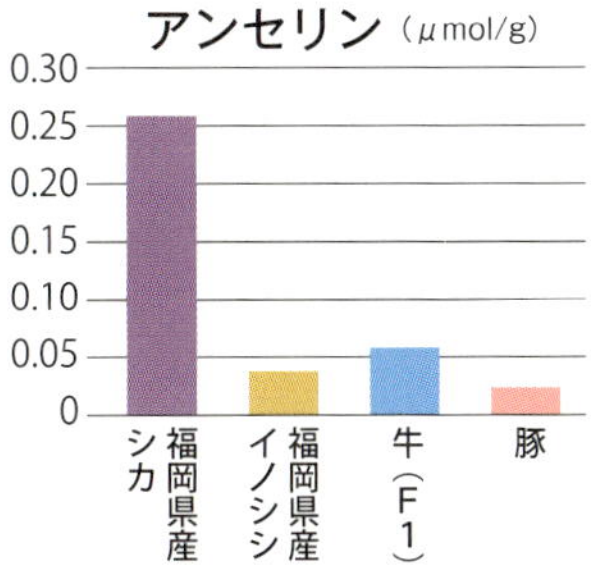

（福岡県農林水産部畜産課資料より）

おいしく食べるための5カ条

その１　血抜きされた肉を使う

肉に血が残ると空気に触れて酸化し、臭みのもとになる。血抜きが不十分の肉は調理しても臭みが残る。血だまりがある肉は避ける。

その２　保存中は空気に触れさせない

鉄分が多いので酸化しやすい。生肉はすぐにラップやキッチンペーパーなどできっちり包み、さらに密閉容器に入れて冷蔵庫に保存する。

その３　再冷凍しない

冷凍肉は一度解凍したら再冷凍しない。解凍と冷凍を繰り返すたび、血や旨味を含んだ水分（ドリップ）が流れ出す。

その４　火を通しすぎない

シカ肉はもともと水分が多い肉。しかし脂肪が少ないので水分が逃げやすく、加熱しすぎるとかたくなりやすい。

その５　個体差の違いを楽しむ

狩猟時期、年齢、オスかメスかで肉質が違う。交尾前の、夏〜秋のシカは栄養状態がよいので肉の味も濃く、シンプルな料理が合う。冬シカは煮込むなどして味をつけるとよい。オスは体が大きいので肉はたくさんとれるが、メスや年齢が若いほうが肉質はやわらかい。

身魚も、脂肪が少ないので水分が逃げやすく、加熱しすぎるとかたくなってしまう。また鉄分が多いので肉が酸化しやすいことや、DHAが多く、味が淡泊なことも共通している。

「料理教室で、同じ一頭の肉を使ったはずなのに、グループごとに仕上がりがまったく違ってしまったこともある。火加減でここまで差が出るのかと、よくわかりましたよ」

店の客の中には、シカ肉のおいしさをここで知ったリピーターも多い。現在、店では年間約三六〇頭分を提供している。仕入れ価格はというと平均五〇〇円/kg。これは豚肉の二倍以上。本来は料理の値段をその分高くしないと猟師までお金が回らないが、シカ肉が初めての人は手を出しにくくなってしまう。まずは値段を抑える工夫をして、シカ肉のおいしさを広めたいと鴻谷さんは考えている。

季刊地域二〇一三年15号

火を通しすぎないからしっとり スライス肉のボイル

中心温度 75℃で 1 分を厳守

E 型肝炎、大腸菌感染予防のため、肉の中心温度が 75℃で 1 分以上となるように加熱する。温度計があると便利。

鴻谷さんイチオシの調理法。火を止めた状態でゆがくから、シカ肉初心者でも失敗がない。しっとり仕上がり、シンプルながらシカ肉の滋味を堪能できる。

1 シカ肉の背ロースやモモ肉を5㎜ほどにスライスする。スジがあれば断ち切るように垂直に切る。

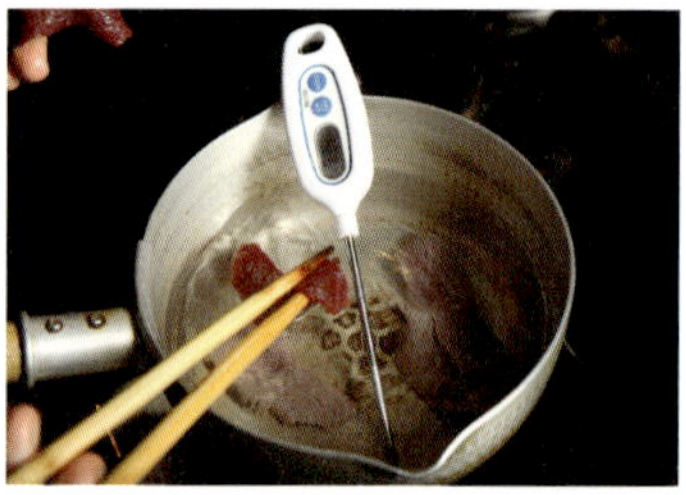

2 90℃の湯をわかして火を止め、肉の表面の色が変わるまで、2分ほど浸けて中まで火を通す。

3 肉を入れたまま、さし湯をして体温ほどの温度に下げる（1分程度）。氷水で一気に冷やすと肉が締まってかたくなってしまうし、熱いまま湯から出しても水分が蒸発してパサパサになる。

肉の中心部が赤色からピンク色に変化。肉の内部に水分が閉じ込められている状態で、食感はなめらか

＊ボイルした肉を20分ほどタレに漬け、軽く焼き目を付ける程度に炒めてもおいしい。

タレ漬けでかたくならない ブロックのロースト

冷まして肉汁を落ち着かせてからスライス。塩を振りかけるだけでもおいしい

タレ漬けした肉を遠火の強火で、中心部に温度計をさしながら焼く。温度計が75℃になったら火から外し、後は余熱で火を通す

遠火の強火が基本。肉を1時間ほどタレ（味噌、塩こうじ、焼肉のタレなど）に漬けてから焼くと、ちょっと焼きすぎてしまっても大丈夫。

＊味噌や塩こうじを使うと、こうじの働きでタンパク質が分解され肉がやわらかくなる。糖や果物を含んだ焼肉のタレなどを使うと、肉の保水性がアップする。

鴻谷佳彦さん。市から指定管理を受けた宿泊施設でシカ料理を出していたが、駆除後の肉の多くが廃棄されている実態を知り、3年前にシカ肉専門料理店「無鹿」を開店。同時にわな猟免許も取得。シカ肉のおいしさを広めるべく、料理教室で講師をつとめたり、下調理済みのレトルトパックも販売している。

無鹿
兵庫県丹波市春日町下三井庄1017-1
TEL0795-73-0200

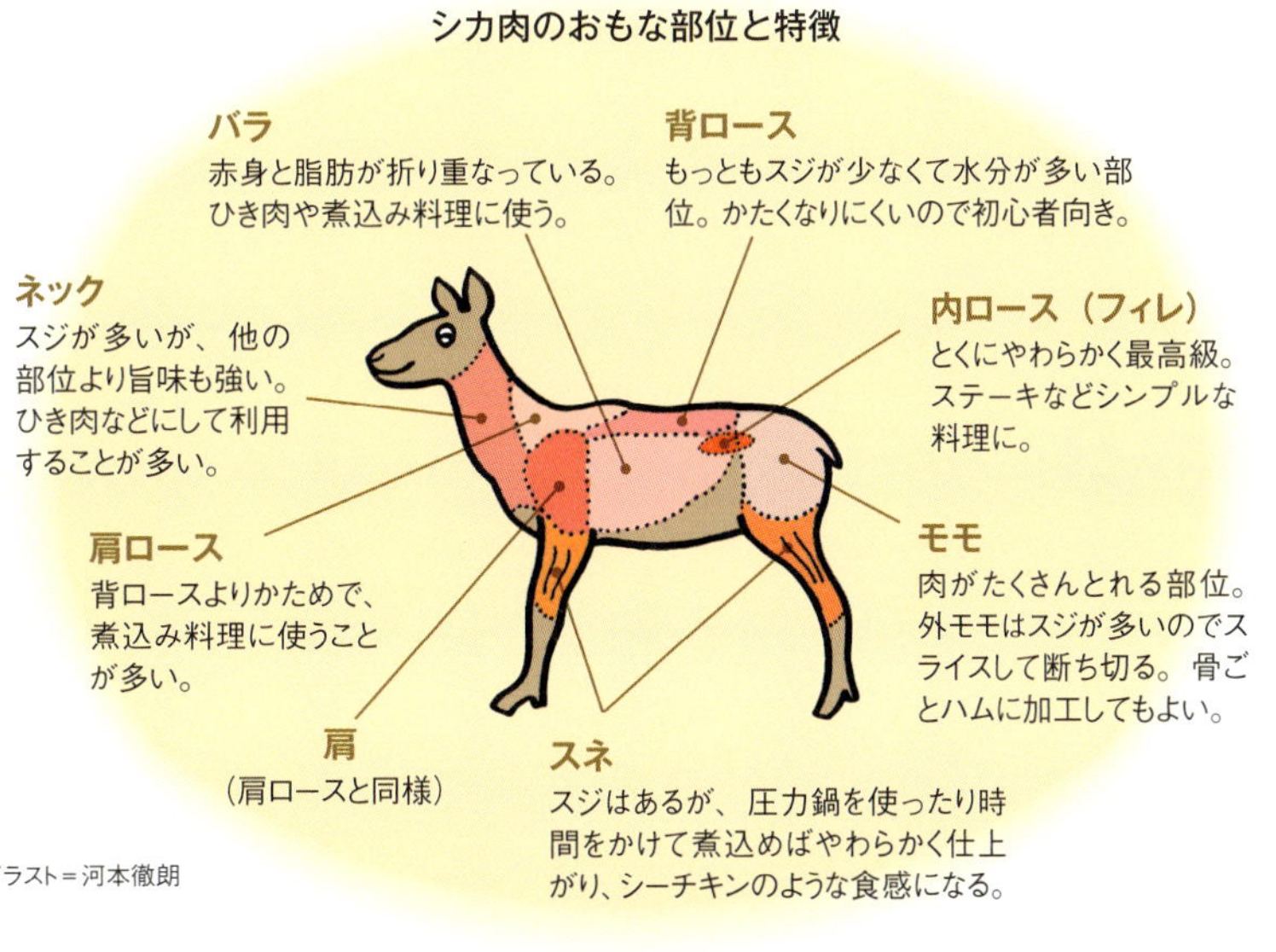

シカ肉のおもな部位と特徴
バラ
赤身と脂肪が折り重なっている。ひき肉や煮込み料理に使う。
背ロース
もっともスジが少なくて水分が多い部位。かたくなりにくいので初心者向き。
ネック
スジが多いが、他の部位より旨味も強い。ひき肉などにして利用することが多い。
内ロース（フィレ）
とくにやわらかく最高級。ステーキなどシンプルな料理に。
肩ロース
背ロースよりかためで、煮込み料理に使うことが多い。
モモ
肉がたくさんとれる部位。外モモはスジが多いのでスライスして断ち切る。骨ごとハムに加工してもよい。
肩
（肩ロースと同様）
スネ
スジはあるが、圧力鍋を使ったり時間をかけて煮込めばやわらかく仕上がり、シーチキンのような食感になる。

イラスト＝河本徹朗

熟成で肉の旨味と風味を引き出す ドライエイジング

ドライエイジングとは、冷蔵庫などで温度管理しながらゆっくり肉の水分を抜き、旨味成分を引き出すこと。肉の中の酵素が、タンパク質をアミノ酸に分解して熟成がすすむ。真空パックに入れて行なうウェットエイジングよりも時間はかかるが、ドライなら特別な道具はいらない。自宅で試せる方法を（株）クイージの石崎英治さんに教えてもらった。

重量は15％ほど減。肉質はしっとりやわらかい

つくり方

生のブロック肉（ロースやモモが最適）を、スジや筋膜はとらないままキッチンペーパーやサラシで包み、網を置いたバットにのせて冷蔵庫のチルド室へ入れる。浸み出した水分は腐敗の原因になるので、たまに様子を見て汚れたペーパーは交換する。

10日間ほどで熟成が完了。表面の乾いた黒い部分は切り落として使う。

株式会社クイージ　東京都日野市高幡333-4　TEL090-2057-1415

獣肉を販売するときの許可・免許・施設

狩猟から解体、加工品製造まで、おもな流れに沿ってまとめてみました。

なるべく早く
処理施設に運ぶ

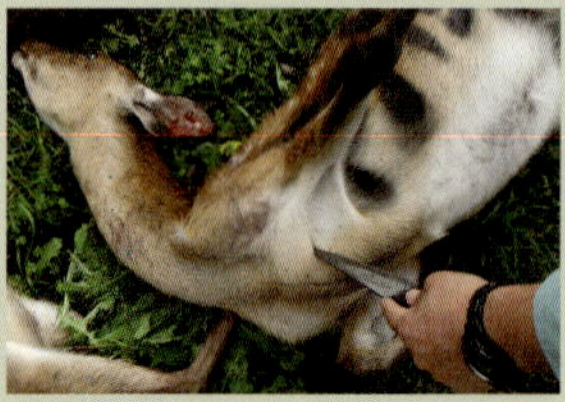

肺動脈を切って一気に血を出す
写真＝倉持正実

1 止め刺し・血抜き

捕獲したらすぐにナイフで肺動脈を切って止め刺しし、血抜きする。心臓が動くうちに血抜きすると肉に臭みが出ない。

★ 有害鳥獣を捕獲すると報奨金が出る

鳥獣害対策に取り組む市町村で、捕獲経費の補助として交付される。駆除効果を上げるため、狩猟期にも出す自治体もある。

2012年度末には鳥獣被害防止総合対策の補正予算（129億円）が組まれ、そのなかで継続的に、シカ・イノシシ・クマなどの捕獲に1頭あたり上限8000円の交付金が決められた。自治体によってはさらに上乗せして支払う場合もある。

＊こんなことに補助金が使える

2013年度の鳥獣被害防止総合対策交付金は昨年同様95億円。地域協議会や民間団体などが対象（補助率1/2以内等）。上記の継続中の交付金とあわせると、地域ぐるみでの捕獲から加工まで、いろいろなことに使えそうだ。

★ 野生鳥獣の捕獲には狩猟免許が必要

狩猟免許は4種類ある。

・ワナ免許：くくりワナ、箱ワナ、囲いワナなど（タヌキ・ハクビシンなどの小中型獣からイノシシ・シカなど大型獣まで）
・網免許：むそう網、はり網など（鳥類・ウサギなど小型鳥獣）
・第一種銃猟免許：散弾銃、ライフル銃、空気銃（狩猟鳥獣のほぼすべて）
・第二種銃猟免許：空気銃（鳥獣・小型獣など）

※ネズミ・モグラの捕獲には免許は必要ない。

★ 狩猟期以外は駆除依頼に基づいて

狩猟期は11/15 ～ 2/15（都道府県により延長・短縮有）。それ以外は地域で有害鳥獣駆除依頼の申請がある場合に、狩猟許可をとって猟ができる。

★ 免許なしでOKな場合もある

2012年度からは、地域の免許所持者の指導を条件に、免許がなくても補助者として、ワナの設置やエサやりなどができるようになった。また、自分の農地・林地内限定で、囲いワナは免許なしで使うことができる。

まとめ＝編集部
イラスト＝アサミナオ

2 内臓摘出・冷却

内臓でガスが発生すると悪臭が肉に移るので、いかに迅速に摘出できるかで味が決まる。止め刺し後、遅くとも2時間以内に取り出す。解体後の枝肉は、微生物の増殖や肉焼けを防ぐため冷蔵。たとえば三重県では24時間以内に肉の芯温を4℃まで下げるようにすすめている。

3 分割・包装

冷却済みの肉を部位ごとに切り分けたら、すぐに包装（真空パックなど）し、冷蔵または冷凍保存。ただし冷凍焼けを防ぐため1カ月以内に販売するのが望ましい。

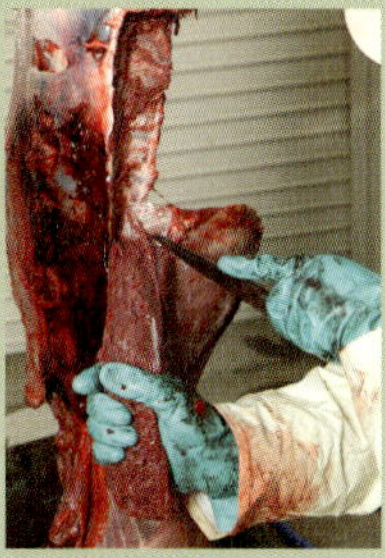

背ロースをとる
写真＝倉持正実

★処理施設での解体が原則

ハンターが野外で解体した獣肉を営業行為として販売するのは食品衛生法違反。血抜き後の処理（内臓摘出、分割など）は、食肉処理業の営業許可を取った処理施設内で行なう。

すでに食肉処理業を取得して牛と豚の枝肉などを仕入れている施設で、獣肉の解体処理を行なう場合も、別途に解体・内臓摘出を行なう部屋が必要。

＊処理施設建設費は年間販売額の2倍以内に

処理施設は建設費300万円以下のものから、電解水製造機やエアシャワーを備えた数千万円のものまでさまざま。建設費が大きいほど維持費もかかる。国の交付金（補助率は1/2以内）は見込めるが、経営を続けていける範囲の設備がよさそうだ。

シカ肉コーディネーターの松井賢一さん（滋賀県）は「年間販売額の2倍以上の建設費をかけないこと。年間売上、単価、売り先を確定させてこそ、施設を維持できる」とアドバイスしている。

＊獣肉は屠畜場が使えない

牛や豚などの家畜は、屠畜場（建設費は億単位。獣医師による全頭検査有）での屠殺が義務付けられ、食品衛生法で管理されているが、野生鳥獣は屠畜場法の適用外のため屠畜場が使用できないことに加え、具体的な処理方法も定められていない。そこで、狩猟方法や処理場までの運搬などについて、都道府県単位で独自のマニュアルが整備されつつある。

滋賀県日野町猟友会獣肉処理加工施設平面図

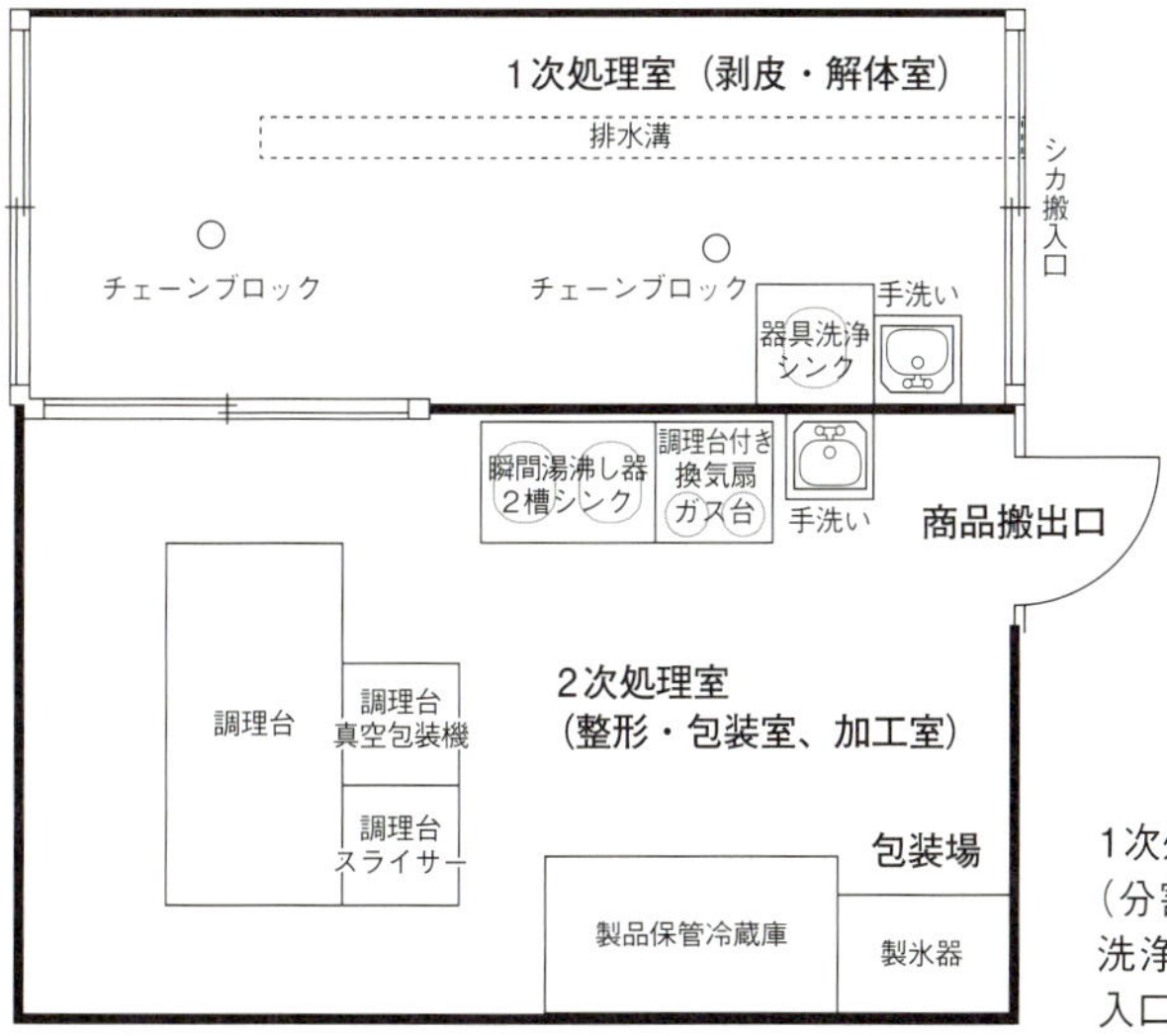

1次処理室（内臓摘出）と2次処理室（分割・包装）を分け、それぞれ器具洗浄設備が備わっている。獣肉の搬入口と商品の搬出口も別々

4 販売

直売所や小売店、飲食店、一般家庭へ販売。

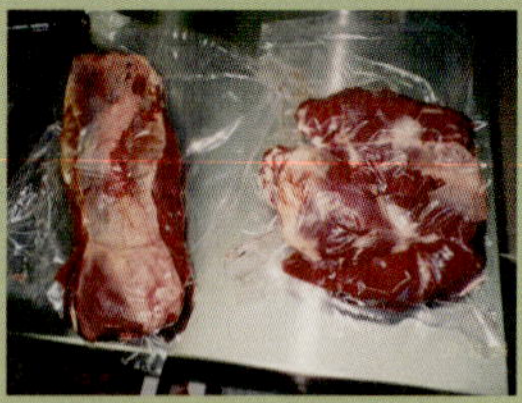

背ロース（左）とモモ肉
写真＝松井賢一

★ 肉の販売には食肉販売業の許可が必要

枝肉やブロック肉を卸・小売をする場合は、食肉販売業の許可が必要。

★ 飲食店が獣肉を扱う場合

飲食店でイノシシやシカを１頭丸ごとハンターなどから仕入れ、料理人が解体し、料理として提供する場合は、食肉処理業の営業許可は不要。ただし、内臓摘出や皮をはぐ際、通常の調理場とは別室を設けることが望ましい。

5 加工

ハム・ソーセージなどに加工してから販売。

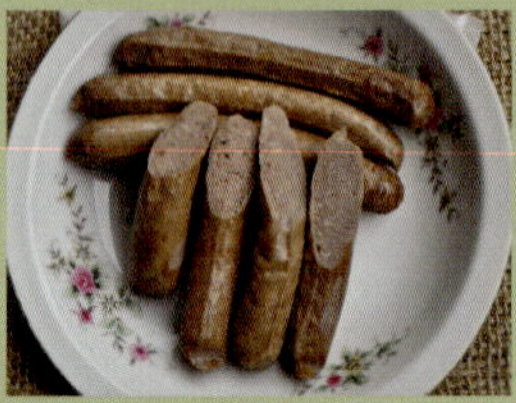

鹿肉ソーセージ
写真＝さんさんファーム

★ ハム・ソーセージの製造販売には許可が必要

食肉でハムやベーコン、ソーセージ、ビーフジャーキーなどをつくるには、牛肉や豚肉の場合と同様「食肉製品製造業」の許可が必要。

そのためには「食品衛生管理者」の設置も必要。資格は、医師・薬剤師などや大学での規定課程の修了者。または食品などの衛生管理業務に3年以上従事し、厚生省が定める講習（受講料は約35万円）を修了する必要がある。

＊夏イノシシ＝マズイの真相

「臭くてマズイ」といわれる夏イノシシの有効利用に取り組む、島根県美郷町の安田亮さん（p52）によると、「夏は肉が酸化しやすい状況にある」とのこと。イノシシやシカは鉄分と酸素を保管するミオグロビンというタンパク質が豊富だが、肉の温度が高いままだと酸化が進み、肉質が落ちる要因になる。

美郷では捕獲後は温度管理された処理施設に生きたまま運び、解体の直前に止め刺しすることで、肉の酸化と細菌の増殖を抑え、臭みが出ない工夫をしている。

夏イノシシは「脂が少ない」のも事実。しかし「少ない」＝“悪い肉”ではない。低脂肪をウリにしている加工品もある（p52）。

「野生で健康に育った獣こそ“いい肉”なんです。獣肉を家畜の延長として考えるのではなく、旬による味の変化も楽しんでほしい」

＊獣肉の等級制度とは？

家畜と違い、季節や年齢、条件などで1頭1頭まるで肉質が変わってくる。一般流通に乗せるにはここがネックで、使う側からは品質安定の要望が強い。

そこで、和歌山県の日高川町では獣肉に「格付け」をしている。町のマニュアルを導入した処理施設で処理されたイノシシとシカが対象。脂肪の厚さや肉の光沢によって、イノシシ肉は4段階、シカ肉は2段階に分け、販売価格を決める。今年からは県全体でも格付け制度に取り組む。

北海道でもエゾシカ食肉事業協同組合が、エゾシカ肉の等級分けを開始。シカの年齢や性別、捕獲方法で3段階に区別した。いずれも基準を設けることで、品質を保証した獣肉の販路を広めることが目的だ。

農家が獲って販売する
皮は肉よりハードルが低い

北海道旭川市●浅野晃彦さん

左から、岡佳弘さん、浅野晃彦さん、撫養一成さん（湯山繁撮影）

農家一六戸でつくる「わな部会」

北海道旭川市の郊外で無農薬のお米や野菜をつくる浅野晃彦さん（五八歳）は、エゾシカに泣かされてきた農家の一人だ。

「ダイズはかじる、ナスに歯形はつける、田んぼは踏みあらす、ニンジン、カボチャ、ダイコン、イモ、ハクサイ……」

　食べられた野菜を数えればキリがない。とくに四、五年くらい前からは、よくシカを見かけるようになったし、被害も増えてきた。シカの数自体が増えたとも考えられるが、浅野さんは、ちょうどその頃から周りの農家が電気柵やネットを設置し始めたことが、関係しているのではないかと思っている。うちの圃場にはネットも電気柵もないからシカが集まってきているんじゃないか――。

「もう、獲るしかないと思いましたよね。だってネットしても結局他の人の畑に行くだけですから」

　猟友会から「農家も組織的に駆除に取り組んでほしい」と言われていたこともあり、二〇一〇年の二月、浅野さんは周りの獣害に悩む農家に声をかけ、一六人でワナ猟免許を取得した。さらに自らは「捕獲から駆除までを農家でできるように」と猟銃の免許も取得。六月には北海道猟友会旭川支部に属する組織として、農家の「わな部会」を発足させた。

　何かと相談に乗ってくれていたベテラン猟師の撫養《むや》一成さん（六四歳）にも、顧問として参加してもらっている。

農家はシカの通り道を知っている

　わな部会では、部会員が自分の農地にワナを設置するのが基本だが、部会員でない農家に頼まれた場合は一個二五〇〇円でワナの設置を請け負っている。

　浅野さんの近所で果樹をつくる佐藤正市さんも、浅野さんに頼んで園内に合計一七個のくくりワナを設置してもらっている。

　サクランボに始まり、洋ナシ、千両ナシ、クリ……常にシカの好物がある佐藤さんの園は「シカにとっては楽園のような場所」だ。作業中に気配を感じて振り返ると、そこに巨大なエゾシ

くくりワナにかかったエゾシカ（浅野晃彦撮影）

浅野さんの畑の脇にある獣道に設置されたくくりワナ。土に埋め込み、シカに見えないよう上には落ち葉などをかぶせておく。山の中に設置したり、鼻のいいイノシシを狙うときは人間のにおいが付かないよう手袋をつけて作業する

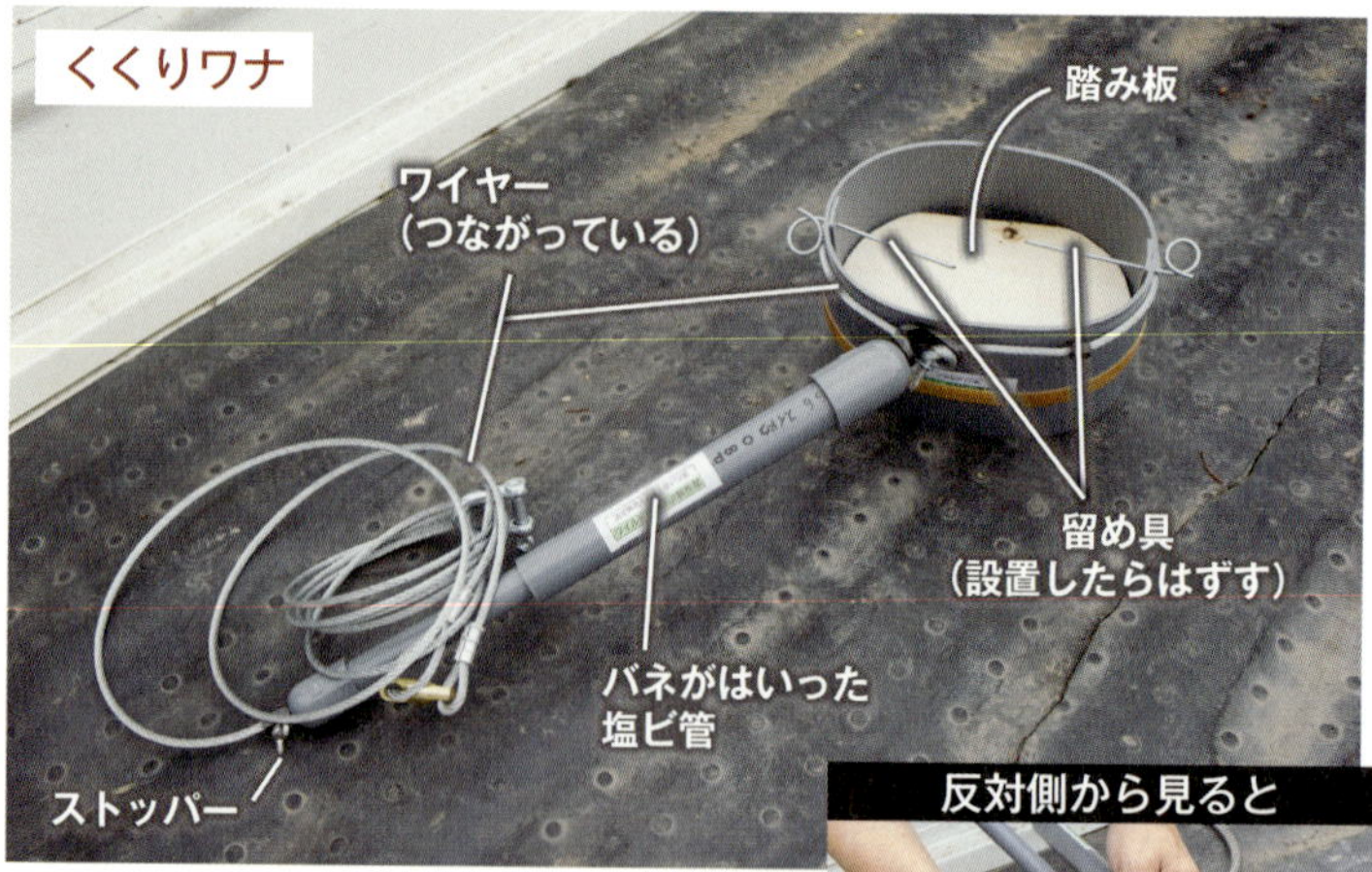

お弁当箱型の枠は2重構造になっている。内枠にワイヤーの輪をセットしたら、バネをぎゅーっと縮めて、ストッパーで固定。左側のワイヤーの端を木などに固定して設置する。シカが踏み板を踏み、ワイヤーが枠からはずれると、一瞬でバネが伸びてワイヤーの輪が小さくなりシカの脚を捕らえる（すべて湯山繁撮影）

カが、という怖い経験をしたのも一度や二度ではなかった。

でもワナを設置し始めてからは、「楽園だと思ったら、天国かーってシカも思ってんじゃねぇか」というほど、よく獲れる。その数は二年で四〇頭。二日前にも獲れたばかりだ。

農家は自分の園のことなら誰よりも詳しい。だから浅野さんは園主と相談してワナを仕掛ける場所を決める。シカがどこから来てどこを通るのか、よく被害を受ける場所はどこかなどがわかっているから、猟師の見当で設置するよりも、掛かる率がグンと上がるのだ。

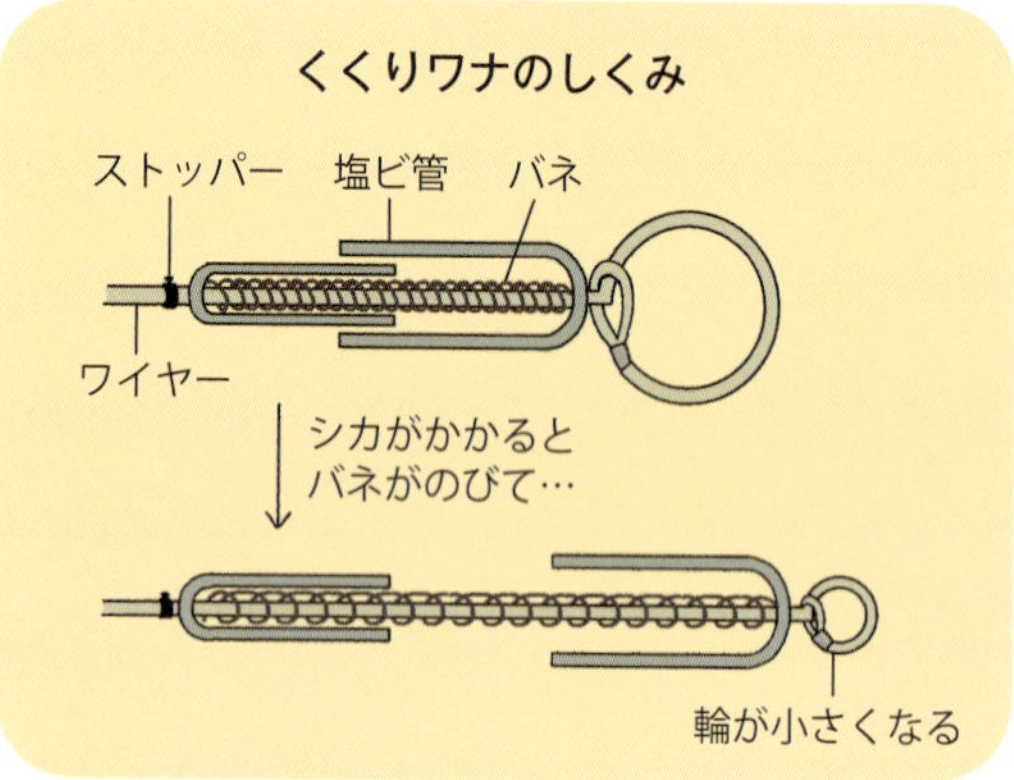

最近は、シカの好きな摘果ナシをコンテナ一杯分ほど一カ所にかためて置き、その周りに大量のワナを仕掛ける「おびき寄せ作戦」にも挑戦中。シカの数自体はなかなか減らないが、被害は確実に減っている。

皮も、肉も、角も、捨てたくない！

狩猟には、猟師が趣味や業として行なうものと、増えすぎた害獣の個体数を減らすための駆除の二種類がある。後者の場合は「駆除そのもの」が目的なので、獲ったシカをそのまま捨てるなんてこともよくある。すごい量なので仕方ないといえば仕方ないが……。

だが浅野さんにとっては、食べられる肉まで捨てるなんて驚きだった。「自分が命を奪ったんだから、なるべく利用したい」と思う浅野さんは自分で撃った分の肉は絶対に捨てない。シカ肉は、血抜きなどの処理をちゃんとすれば結構うまい。自分で獲ったのだから、なおさらうまい。食べきれない分は近所で分けたり、時には内地に送ってやったりもする。それでも「気づいたらうちの冷凍庫が六個になって

浅野さんのエゾシカ革で岡さんがつくった携帯電話ケース。焼印のような加工を施した。「シカ革は使うほど手になじみます」と岡さんが愛用している

エゾシカ肉とインゲンの炒め物。浅野家では当たり前のようにシカ肉料理が食卓にのぼる。「猟をはじめてから、肉を買うということは、ほとんどなくなりましたね」

柔らかくて、手触りがいいエゾシカ革

た」ほどだ。骨はスープに、角は壁掛けにと、他の部分もなるべく捨てないようにしている。

捨てられてしまうシカを減らし、肉を販売したらどうかと、行政に食肉処理施設の建設を撫養さんと一緒にお願いに行ったこともある。廃校になった小学校の調理室を使えばどうだろうかと提案した。だが、簡単には進まなかった。

個人でやることも考えたが、食肉処理施設は、設備を揃えるのに何千万円というお金がかかるし、販売許可を取るのも大変だ。それに捕獲から二時間以内に処理施設に持ち込まなければ販売できる肉にはならないといわれ、ロスも大きい。「肉販売はハードルが高すぎる」と思った。

感動！自分で獲ったシカの皮が「革」になった

「これはいいなぁと思って。もう、すぐに電話しました。肉がだめなら皮は何とかならんかって、話してたとこだったんです」

浅野さんは、定期購読している『季刊地域』（二〇一一年秋号）の記事で、東京の山口産業㈱というなめし業者が野生のシカやイノシシの皮をなめしてくれることを知った。捨てるしかないと諦めていた皮が使えて、しかも加工賃は一枚五〇〇〇円。これなら個人でも始められそうだ。

何せこの「なめし」、業者は普通、家畜の皮が専門で、野生獣の皮を小ロットで受け入れてくれるところはこれまでほとんどなかった。そんななか、山口産業が中心となって、野生獣の皮をなめして産地に返す「MATAGIプロジェクト」が始まったのだ。

浅野さんは昨年一月、腐らないように塩漬けしたシカ皮一枚を東京に送ってみた。猟にでて、自分で撃った雄ジカだ。

それが、数週間後には「革」となって、返ってきた。

「いやー、感動しました」

皮はぎのときについてしまったナイフキズが穴になっていて、今思えば立派とはいえない革だったけれど、何といっても自分で獲ったシカの革だ。遊びでつくってみた名刺入れやしおりは「俺が獲ったシカでつくったんだ」と自慢がてら友達に全部配ってしまった。

高級品で売るより、多くの人に届けたい

これまでに一〇頭分くらいの皮をなめしたが、販売したのは一頭分。今年三月、旭川市内でレザーショップを営む岡佳弘さん（三七歳）に、お試し価格一枚八〇〇〇円で売った。

岡さんは「北海道で共に生きるものとして、駆除のために殺されているエゾシカをちゃんと利用したい」という革職人。そういう自分たちと同じ思いをもった職人や業者には、今後も素材として革を販売していくつもりだ。

自分たちで加工・販売することも考えている。まだ何をつくるかは検討中だが、手間をかけずに、革を小さく切って手頃な価格のものにしたいそうだ。それは「エゾシカは邪魔者ではなく、北海道の大切な資源なんだ」と、革を通じてより多くの人に伝えていくこと、それが一番大切だと浅野さんは考えているからだ。大金を投資したわけじゃないから、焦って儲ける必要はない。「皮はなめせば腐りませんから」とぼちぼち進めている。

＊

「害獣」でしかなかったエゾシカが、今は「山・森からの恵み」だと思えるのだという浅野さん。今年の七月には撫養さんと「有限会社ワイルドカムイ」を立ち上げた。今後、くくりワナの製作や革の販売など、エゾシカ関連の事業をおこしていくそうだ。

季刊地域二〇一三年15号

肉も皮も使いたいときの皮はぎ＆解体のポイント

イノシシやシカを解体するとき、肉を食べるだけなら、皮のことを気にする必要はない。でも皮も使いたい場合は、慎重さが必要になる。銃弾の跡や、皮はぎ時のナイフキズといった小さなキズも、なめすと大きな穴になるからだ。

皮を使うときの皮はぎのポイントを撫養さんに教えてもらった。

※肉を販売する場合は屋外ではなく、許可を受けた食肉処理施設内で解体する必要があります。

皮はぎのときについた小さなナイフキズの跡がなめすと大きな穴になってしまった。これだけ穴があると小物を作るのも難しい　（写真＝山口産業（株））

ワナにかかった！

銃でとどめを撃つ場合は、首を狙って一発で仕留める。散弾銃で胴を撃ったりしたら、皮は使い物にならない。止め刺し後は心臓が動いているうちに血抜きをする（写真提供＝浅野晃彦、以下もすべて）

皮はぎ開始

最初はナイフで丁寧に

吊るしたほうがはぎやすいし、皮の表面に余計なキズがつきにくい。肋骨くらいまでは皮を引っ張りながらナイフを使って丁寧にはがす。皮膚ギリギリではなく、その下にある脂肪の層を切るようにしたほうがナイフキズがつきにくい

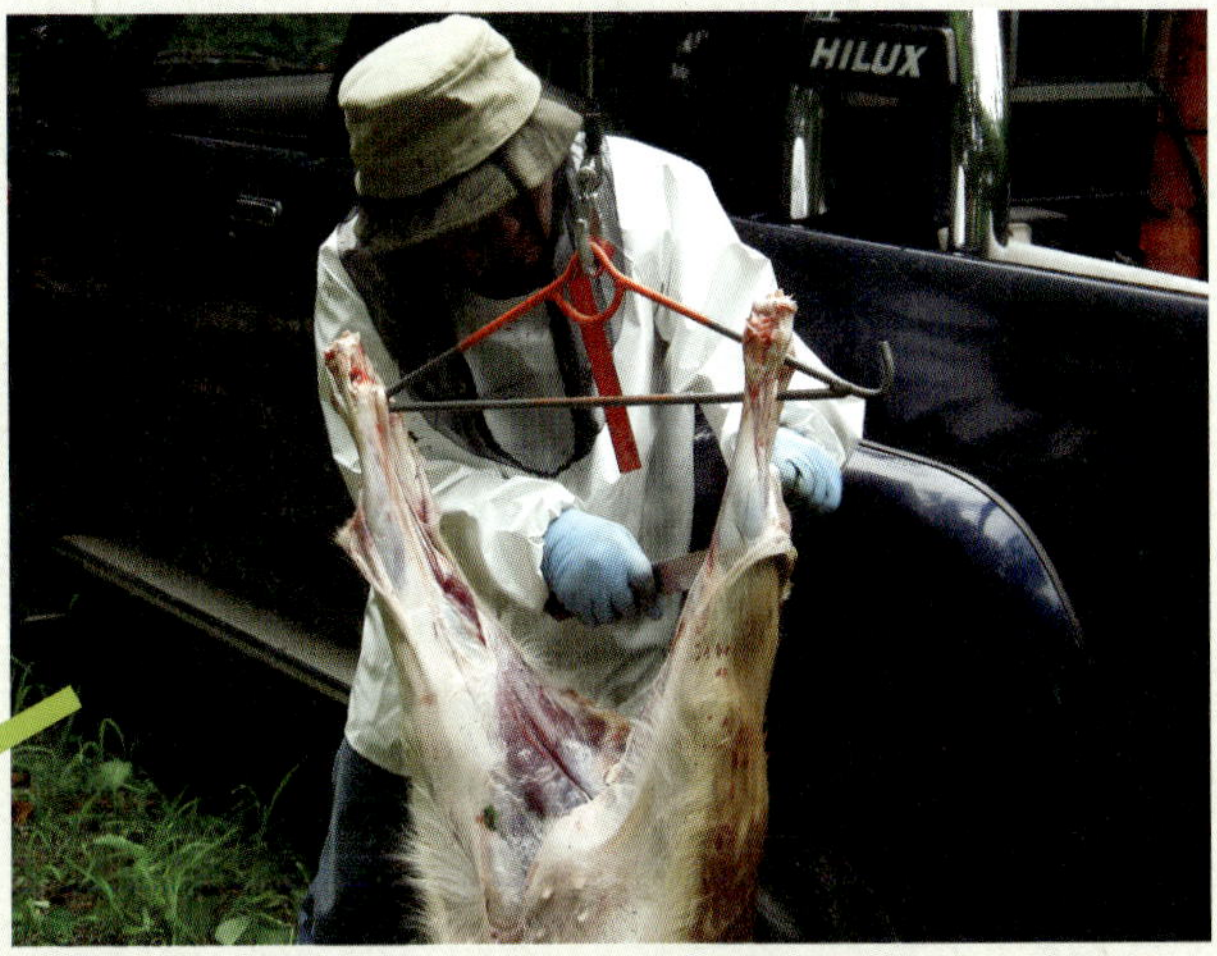

内臓は切り出さずに、ストーンと落とす

最初に肛門から腸を切り離しておいて、お腹を首の付け根あたりまで切り開く。内臓をキズつけると臭いが肉に移ってしまうので、内臓膜をキズつけないよう皮膚だけ切るようにする。軟骨である胸骨を喉まで切り、食道や気管を切り離すと重みで内臓がストーンと落ちる

肋骨は服を脱がせるように

肋骨の部分は手で皮を引っ張って、服を脱がすようにはぐとうまくいく。一気にやろうとすると破れるので、少しずつ。前足は再び皮はぎナイフを使う。毛には病原菌がいることがあるので、肉に毛が付着しないよう気を付ける

皮がとれた！

最後は頭と前足を切り落とし、ずるりと脱がせて終了

肉はビニールに入れてはいけない！

この後肉を解体するが、切り出した肉からはまだ血が出る。いきなりビニール袋に入れると蒸れ肉のようになってしまうので、タオルなどで包むといい

季刊地域2013年15号

シカの角 豆知識

立派な角はオスの必需品

角が生えるのはオスだけ。一夫多妻制のシカが交尾期である秋に、メスを奪い合うための大切な武器だ。

1年ごとにリニューアルする

角は、骨化した皮膚の一部。毎年生え替わる。春、ビロード状の皮膚に包まれた柔らかい「袋角《ふくろづの》」が生え始め、1日2～3cm伸びることもある。表面から内側に向かってだんだん骨化し、秋には硬い立派な角になる。翌春、精巣からのホルモン分泌が低下するとポロリと抜け落ち、次の角が生えてくる。

古くからのお守り

シカ角は、日本では古くから海難・水難除けのお守りとして知られている。毎年生え替わることから「再生」「復活」の、伸びるスピードから「生命力」の象徴とも。

角でだいたいの年齢がわかる

生まれた年には角は生えない。1歳ごろに初めて生えるのは枝分かれしない1本角、2歳は一股、3歳は二股の角になる。4歳以上は写真のような最終的に三股の角で、その後は年齢に伴って太く、大きくなる。ただし体の小さいヤクシカは二股まで。

高級漢方薬「鹿茸《ろくじょう》」の原料にも

生えたての袋角には血液が流れていて柔らかい。その袋角を乾燥させた「鹿茸」は、最古の薬物書『神農本草経』にも登場する高級漢方薬だ。血と気を補強し、腱と骨を強化、全身を温め、滋養強壮効果がある。心身衰弱による性機能の低下や不妊症によく用いられる。

加工するときは「スカスカ」に注意

中心部の髄の流れていた跡は「ス」が入ったようにスカスカで黒っぽい。比較的スが少ないのは若いシカの落ちたてか落ちる直前の角。

落ち角は長期間風雨にさらされると油分が抜けて全体が白くスカスカになっていく。加工には向かないと思われがちだが、亜麻仁油などを染み込ませて防水性・強度をアップさせ、ナイフのハンドルなどに使う人もいる。

（染色などの加工技術は、ナイフを自作する池添雄太さんのブログに詳しい。「ものずきな人?…」http://monosuki.blogspot.jp/）

消える落ち角

毎年生え替わるわりには、山が落ち角で溢れることはない。ネズミやタヌキなどが食べてしまうせいらしい。ドッグフードとしても商品化されている。

まとめ＝編集部

シカ角でつくりました！

シカ角アクセサリー OCICA

牧浜地区のお母さん
(宮城県石巻市)

輪切りにした角を磨き切れ目を入れたところに、漁網の補修糸を巻き付けたネックレス（1つ2800円）。震災で被災した漁村のお母さんたち12人がつくる。

OCICA
http://www.ocica.jp/

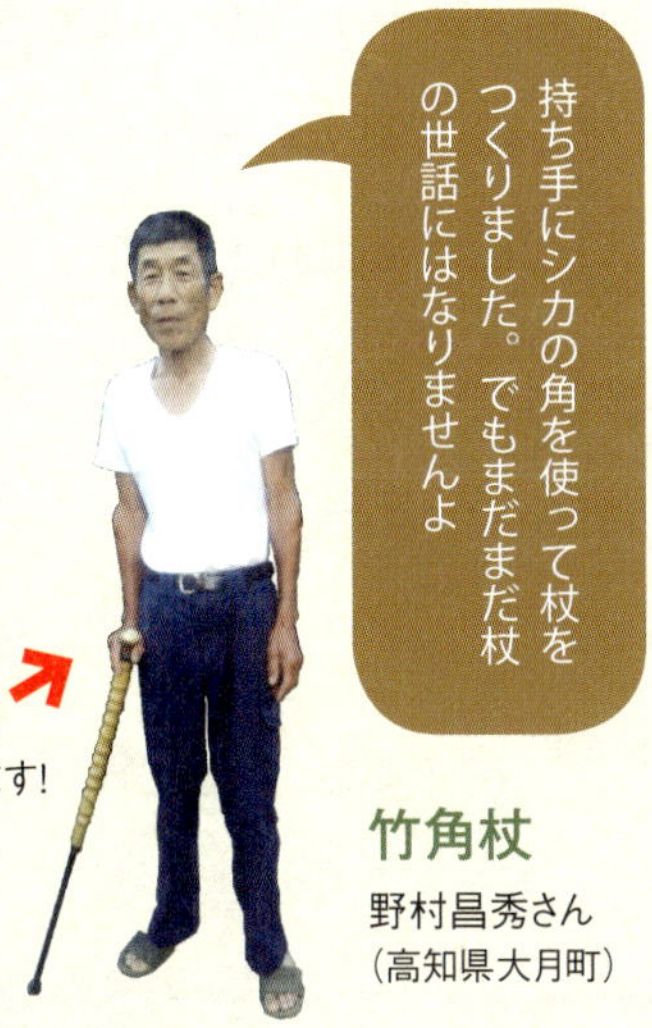
ココに角を使っています!

竹角杖

野村昌秀さん
(高知県大月町)

シカ解体用ナイフとアユの受け網

崎尾 進さん（兵庫県養父市）

年間100頭以上のシカを仕留める崎尾さんは、シカの角を使ってシカ解体用のナイフを自作。止め刺し用のナイフ（中央）は「刺した勢いで手が刃の部分に滑らないように」と、ストッパーもつけた。アユ釣り用の受け網も柄がシカの角だと濡れても滑りにくい。40年使っているうちに、茶色の模様が取れ白くなったが、まだまだ使える。

エゾシカ角のシャンデリア

森井英敏さん
(北海道芽室町)

洋服屋を営む森井さんが仲間と商品化。材料となる角は猟師から大きさによって500～1000円で、年間1000本以上買い取る。発売から4年目となった現在、レストランやホテル、個人宅から年間40台ほど注文が入る。1つに使う角は20～35本。値段は25万円くらいから。

㈲GR COMPANY
http://deerhornsmiths.com/
TEL0155-61-3165

ペーパーナイフと角シカ

斉藤三郎さん（北海道斜里町）

エゾシカ角の専門店「カルペ」の斉藤さんがつくるペーパーナイフ（左、2500円から）は、手作業で仕上げたこだわりの逸品。木工職人という腕を活かし、歯医者さんが使うルーターを使った細かな細工（右）もお手のもの。

えぞ鹿角工房「カルペ」
http://www.ezosika.com/
TEL01522-4-2253

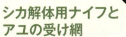

なめし、買い取りを頼める業者情報

MATAGIプロジェクト（p48）以外にも、野生のイノシシやシカのなめし加工を請け負ったり、製品化まで一緒に取り組んでくれたりする企業がわずかながらある。連携の仕方やなめしの加工料金などは企業によっていろいろだ。

㈱カルタン（日本鹿皮革開発協議会）

〒152-0022　東京都目黒区柿の木坂3-7-16
TEL・FAX 03-3414-2877
http://www.nihonshika-hikaku.com

日本のシカ革文化の復活をめざし20年以上研究を続ける企業。現在連携する産地を募集中。和歌山の藤本安一商店（なめし業者）と協力して、原皮を買い取り、なめし、製品化。百貨店での販売を視野に入れ、高品質のシカ革製品づくりをめざしている。

㈱布川産業

〒959-2807　新潟県胎内市黒川1069-34
TEL0254-47-3315　FAX 0254-47-2514
http://www.nunokawa-sangyo.com

毛皮に特化したなめし業者。普通の皮なめしや剥製の作製も受け付ける。シカ・イノシシだけでなく、クマなど他の動物でも可。加工料金はホームページで案内している。

シカ革の加工品　写真＝高木あつ子

新敏製革所

〒671-0256　兵庫県姫路市花田町高木196-1
TEL 079-222-2216　FAX 079-224-8880
http://www.shironameshi.com

姫路白なめし革保存研究会の事務局も兼ねるなめし業者。シカもイノシシも可能。白なめし以外の（クロムなめし、タンニンなめし）なめしもできる。商品化、販売の相談にも応じる。

㈱きたなかコーポレーション

〒671-0256　兵庫県姫路市花田町高木130-1
TEL 079-222-3682　FAX 079-222-1236
http://kitanakacorporation.com

なめし業者。シカ皮のみ。できれば100枚くらいから。クロムなめしかタンニンなめし。普段は牛専門のなめし業者。

㈱春日

〒633-2227　奈良県宇陀市菟田野岩崎425-1
TEL 0745-84-9034　FAX 0745-84-2580
http://www.kasuga-fur.jp

なめし業者。基本的にはシカ皮のみ。5年ほど前から野生シカ皮の加工も始めており、現在も兵庫や長野の産地と連携。商品化、販売の相談にも応じる。

奈良産業㈱

〒633-2226　奈良県宇陀市菟田野古市場1596-10
TEL 0745-84-4087　FAX 0745-84-3862

なめし業者。基本的にはシカ皮のみ。セーム革か普通の革に加工。毛皮のなめしもできる。1、2枚の小ロットでも受け付ける。

鈴鹿セーム工業㈱

〒633-2227　奈良県宇陀市菟田野岩崎330
TEL 0745-84-2852　FAX 0745-84-4122
http://www.suzuka-chamois.com

なめし業者。基本的にはシカ皮のみ。セーム革か毛皮に加工。1枚からでも受け付けるが、50枚以上あるのが望ましい。

サルのひみつ

食べもの

- 最初から農作物を好んで食べるわけではない。現われはじめてから3〜5年かけて次々と新しい野菜や果樹の味を覚えていく
- トウガラシのような辛いものは苦手。未熟果など苦いものや渋いものは平気

（提供：田口正訓）

繁殖

- 9〜11月頃が繁殖期。160〜180日程度の妊娠期間を経て、3〜5月頃に1回1頭を出産。5〜7歳から妊娠可能
- 山奥のサルは7〜8歳で初産、2〜3年に1回出産するが、栄養たっぷりの里のサルは4〜5歳で初産、毎年子を産む。子供の死亡率も低くどんどん増える

行動

- メスを中心とした20〜30頭のグループを形成。エサ条件がよければ、100頭を超えるグループになることも
- 昼行性であるため、人の目につきやすい
- 山林近くの畑に出没しはじめ、人に対する恐怖感が薄れるにつれて集落内に進出。家屋侵入や人身被害なども多い

サルもシカもイノシシも防ぐ

私の手作り三次元柵

滋賀県大津市●石田誠治

獣害ショック! 草を刈る

近頃、テレビ番組などで「耕作放棄地」という言葉を耳にするようになりました。「うちの具合はどうなんやろうか?」と、安易な気持ちで義母の実家の畑(滋賀県高島市)を見に行ったところ、地面に三日月状の掘り返し跡や丸い足跡が無数にありました。さらに隣接する民家からもっとも離れた畑の隅に土が浅く掘り返されて柔らかくなった「ヌタ場」(動物が体表の寄生虫や汚れを落とすために泥を浴びる場所)を発見しました。

私は「近くにイノシシがいるのではないか?」と怖くなり、その場を離れました。そして、近くの民家に住むおばあさんに畑のようすを聞くと「サルやらシカやらイノシシがきている」というのです。さらに「うちの庭や玄関先にウンコする。どの動物かはわからないが、決まって同じ場所にウンコする」とのこと。またもや私はショックを受け、「どげんかせなあかん」と決心しました。

畑は今津町の陸上自衛隊演習地の横にあり、サル、シカ、イノシシが好き勝手に出入りできます。近辺には野菜づくりをあきらめた耕作放棄地が多く、ジャングル化した土地に害獣が棲み着くようになっていたのです。そこで、私は畑の草刈りに取り組みました。数週間たっておばあさんに聞いたところ、「うちでウンコせんごとなった」と、手を合わせて感謝されました。

二次元にも三次元にも対応

さらに耕作地へと復帰させるために五aの畑を耕耘整備し、周りに一〇〇mの防護柵を設置しました。防護柵は別冊現代農業『鳥害・獣害こうして防ぐ』、取り扱い業者のホームページ、公的機関の研究者が開発した獣害対策などの文献をむさぼるように読み、高島市で今年開催された「第一回全国獣害サミット」に呼ばれてもいないのに勝手に参加し、工夫しました。

手作り「組み合わせ」柵の経費(5aの外周100m)

資　材	金　額	詳　　細
電気柵	45,000円	ケーブル、ガイシ、太陽電池パネル、シールバッテリー、電撃器キット、鉄アングル、収納ケース
ワイヤーメッシュ	31,800円	ホームセンターの安売りで15㎝幅を53枚購入(予備含む)
アニマルフェンス	0円	幅1m×長さ20m×数本を知り合いから譲り受け
中古のり網	10,080円	幅1.6m×長さ約20m×6枚
木柱	20,000円	親戚から安価に分けてもらい、不足分はホームセンターで粗材を購入
そのほか	30,000円	電気ドリル、電気溶接機、ナタなど
合計	136,880円	購入時の宅配料・手数料は除く

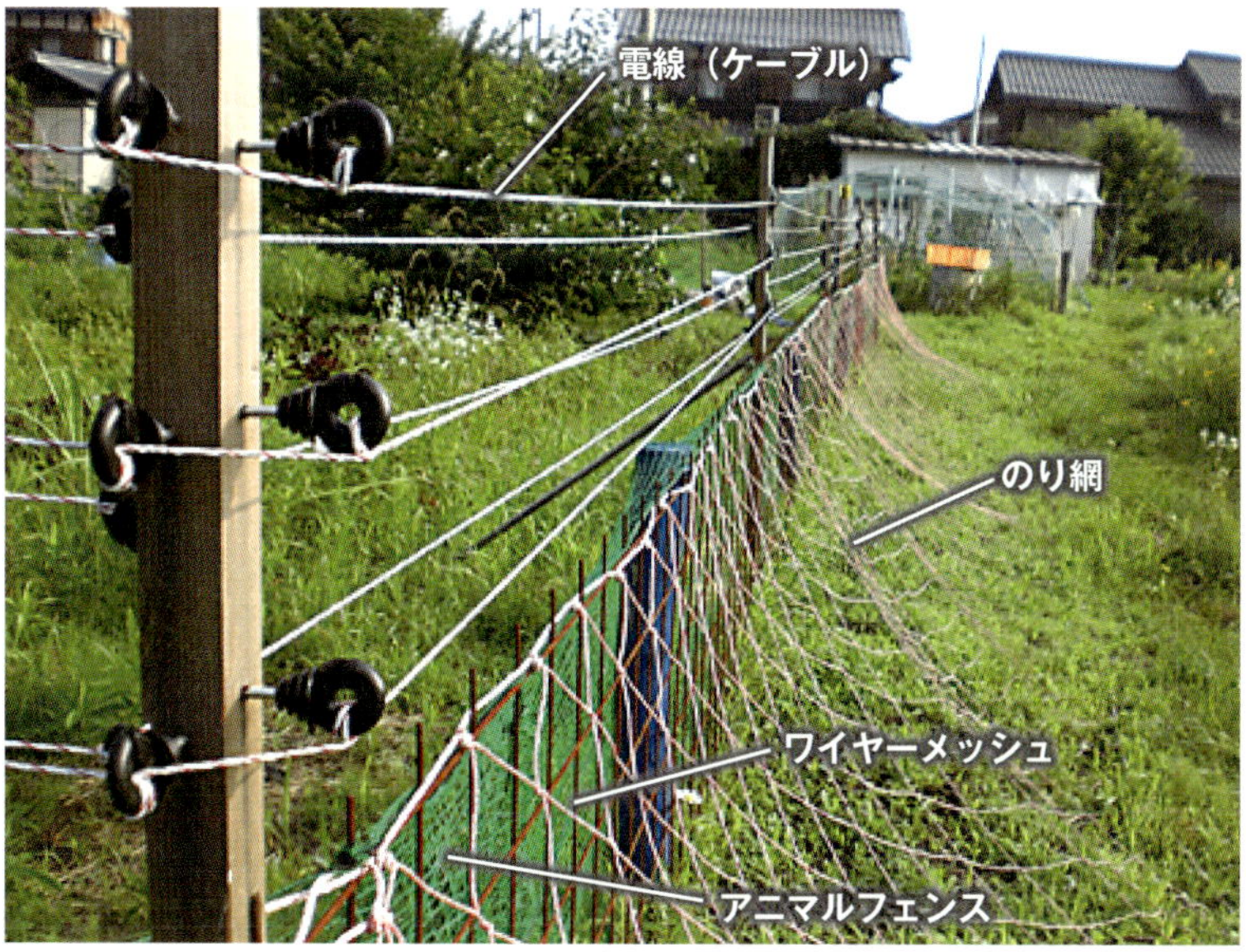

二次元でやってくるシカ・イノシシにはワイヤーメッシュで侵入を阻み、のり網を垂らして蹄を絡ませます。しかし、このワイヤーメッシュとのり網を近所のネコがスルーするのを目撃。「これではウリ坊（イノシシの子供）に侵入されかねない」と考え、網目の細かいアニマルフェンスも設置しました。三次元でやってくるサルには電気柵です。当初、ネット式を一〇〇mほど購入しましたが、柵の上部へ設置するには重すぎるため、ケーブル式に変更しました。

しかし、木柱の打ち込む深さを揃えていなかったため、ケーブルの間隔が一五～二五cmとバラつきました。これではスマートモンキー（賢いサル）がケーブルに接触せずに支柱を登り、畑に侵入する可能性が考えられます。そこで、ケーブルを柵の外側と内側に張って膨らみ・奥行きをもたせました。これで仮に侵入されても、食害の帰りにお土産の電撃を喰わせる確率が高まります。

無事に収穫できれば私の勝ち

畑ではサル・イノシシが好むトウモロコシ、ミニトマト、エダマメ、ミツバ、キュウリ、サツマイモ（金時、ベニアズマ）などと、サル・イノシシが嫌う？ 大葉（赤シソ、青シソ）、ニガウリ、ピーマン、シシトウ、トウガラシ（万願寺、伏見甘長、タカノツメ）、ショウガなどを栽培しています。もし、サル・イノシシを誘引する野菜が無事に収穫できれば私の勝ち、食害にあえば防獣柵の改善が必要と判断できます。

イノシシやシカが侵入しようと試み、その努力が無駄になった腹いせでしょうか？ 柵の周りには数回にわたり、ウンコをされました。近所のおばあさんから「柵の外を子ザルが走りまわっていたが、親ザルは近づこうともしなかった」という目撃情報も得ています。庭先のウンコ攻撃がなくなったわけではありませんが、以前よりも回数が少なくなったようです。

畑の草を払って見通しをよくした効果で、害獣に隠れる余裕がなくなり、のり網のイヤガラセも歩行の邪魔になっているのでしょう。なにせ、週末の一日しか畑に行けず、平日はほったらかしです。それでも今のところ、この防獣柵のおかげで無事に野菜づくりができています。

現代農業二〇〇八年九月号

三次元柵から、さらにバージョンアップ！

改良電撃ネット柵と電撃柱でサルに勝った！

滋賀県大津市●石田誠治

筆者特製の電撃ネット柵（昨年）

ふつうの電気柵では侵入された

私はサラリーマンで、週末は獣害対策しながら農作業するのが日課になっています。畑はもともと義母の実家のものでしたが、十数年前より害獣の出没によって次第に耕作放棄地となっていました。三年前から、草刈りや耕耘整備および防獣柵を設置して畑らしくしてきました。

畑は耕作放棄地と杉林および民家に囲まれており、杉林の奥は陸上自衛隊の演習場となっています。演習場から日中はサル、夜間はイノシシ、さらに秋～春先の深夜はシカがやってきます。

一昨年はワイヤーメッシュ、アニマルフェンス、中古のり網および電気柵を組み合わせて対策を行ないましたが（八二ページの三次元柵）、夏に一度だけサルに侵入を許し、キュウリ、エダマメ、トウモロコシ、サツマイモを食害されてしまいました。

筆者。昨年念願だったトウモロコシの収穫ができました

電撃ネット柵で被害ゼロに！

そこで、一昨年の冬から昨年春先のオフシーズンに、ネット型の電気柵に変更しました（私は電撃ネット柵と呼

電撃ネットの上端に電線を通して
サルが電撃を受けやすくする

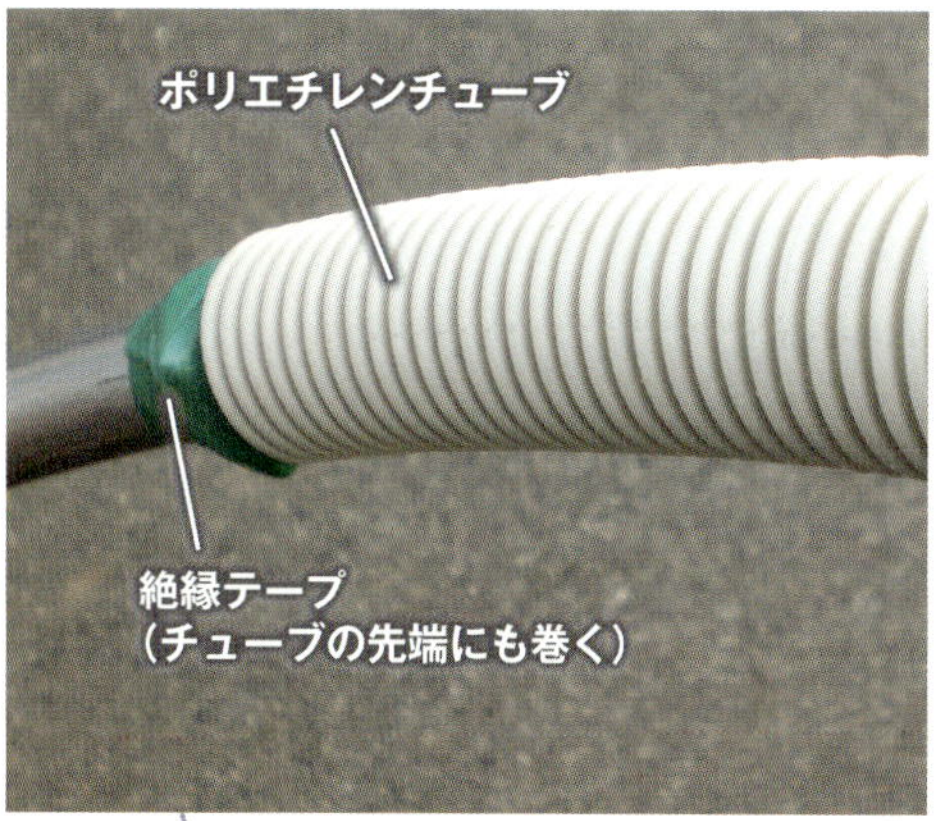

キュウリ支柱の先はポリエチレンチューブと絶縁テープで絶縁加工。チューブにヒモをかけて電撃ネットを吊り下げる

今年はのり網の下に防草シートを敷き、竹棒で重石

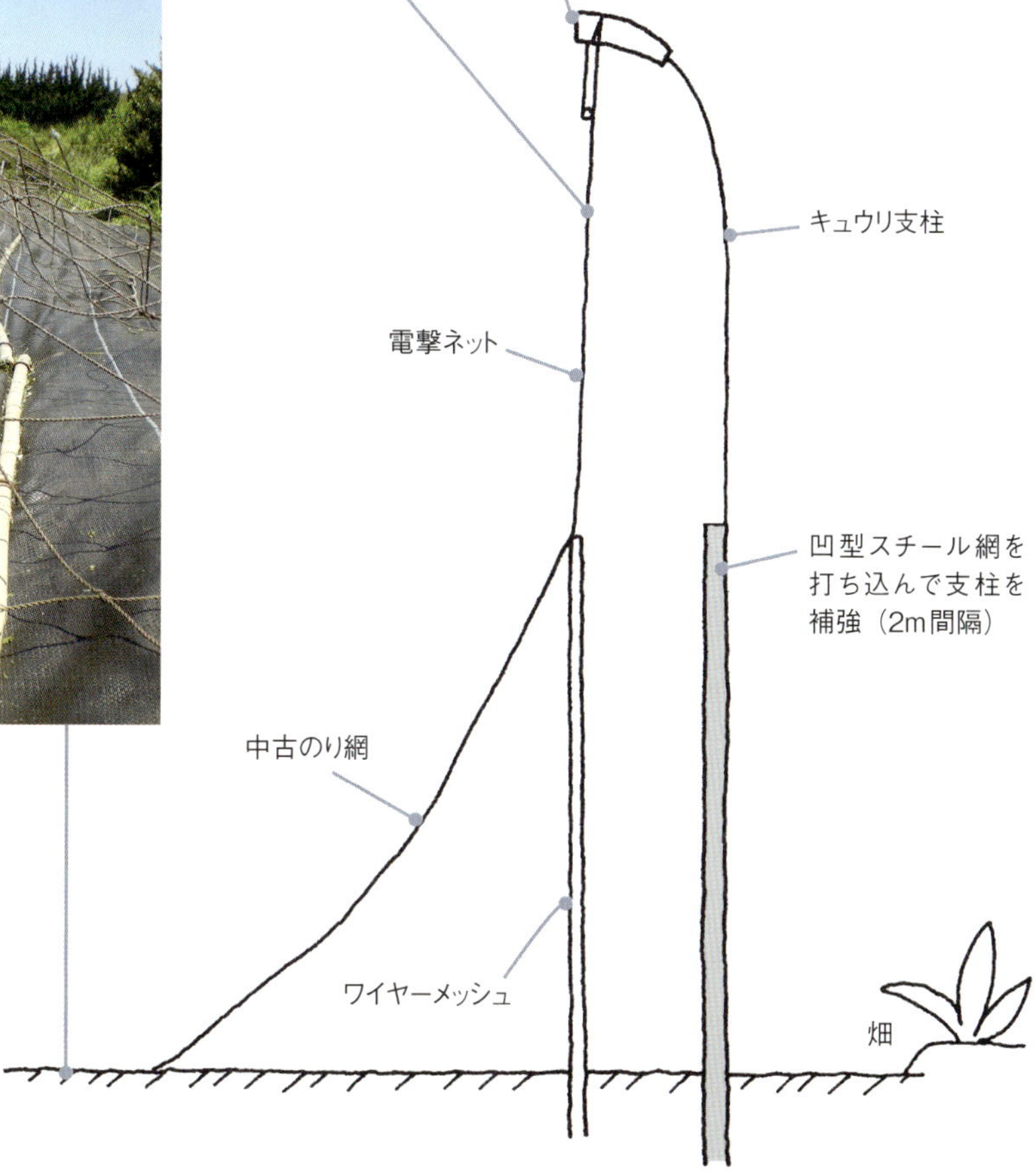

筆者のサル用電撃ネット柵（横から見た図）

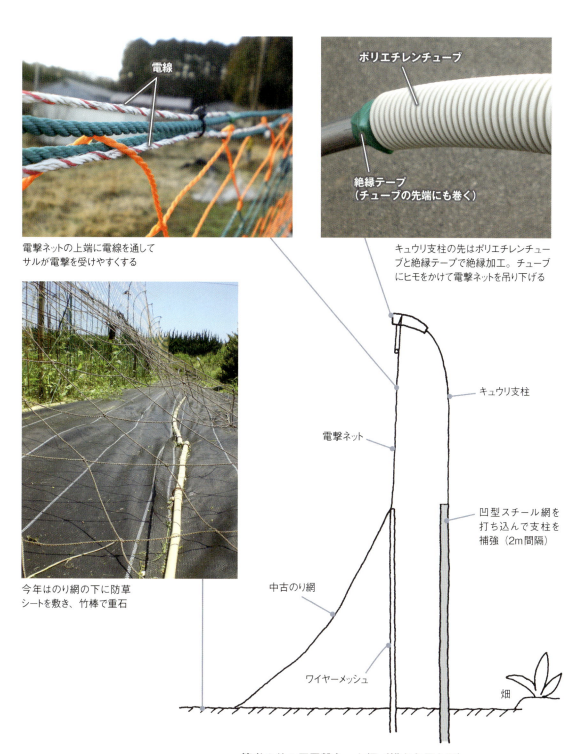

んでいます）。効果は抜群。昨年から今年にかけてサルの侵入は一度もありません（もちろん追い払いも欠かしません）。いっぽう隣のハウスはサルが侵入し、ハウスの持ち主は前年と同じ被害を受け激怒していました。

　ネットを吊り下げる支柱は手に入りやすいキュウリ支柱です。曲がった先端を外側に向けることで、電撃ネットと支柱を離すことができます。これにより支柱（金属）と電撃ネットが接触して漏電するのを避けられます。さらにサルが支柱をつかみながら登ることができませんので、電撃ネットに登ったときにゆらゆらと揺れて恐怖感を与えることも期待できます。

サツマイモをおとりにした電撃柱も開発

　電撃ネット柵の設置後、不要になった元の電気柵の支柱を立てたまま放置していたところ、サルが登ったような手の跡がつきました。この柱を獣害対策に使えないか考えたのが、サル電撃柱の開発の始まりです。

ギャッ！
サツマイモと空き缶へ電撃ネットのマイナスを配線
支柱側面に巻き付けた電線にプラスを配線
地面とワイヤーメッシュはマイナス

サル電撃柱（電気は近くの電撃ネットからつなぐ）。ワイヤーメッシュを伝って支柱をつかんだサルはワイヤーメッシュ（マイナス）と支柱（プラス）間で電撃を浴びる。さらにそこを突破して支柱にしがみつき、そこからサツマイモ（マイナス）をつかんだときも電撃を浴びる

　サルが本当に支柱に登るのか確かめるため、支柱に空き缶を被せ、その上にカボチャを置きました。設置から二週間後にはカボチャの食い残しが地面に転がっていました。次にミニトマトを置くと一週間後になくなり、やっぱり登って来ていると確信しました。

　この支柱にサルが登って電撃を浴びれば「こんなのイヤだ、ここは危ない！」と学習させられるチャンスです。そこで、畑の四隅の支柱だけ残して、それを電撃柱にすることにしました（残りの支柱は撤去）。

　サルの誘引材となるサツマイモ（スーパーのおつとめ品）に針金を巻き付け、空き缶と共に支柱へ固定。支柱側面には電線（ワイヤー）を巻き、針金と電線に電気を流します（上の写真）。

　サル電撃柱を設置して約一カ月がたった夕方、畑そばの小屋で一休みしていたら突然「ギャッ」という鳴き声と同時に部屋の照明が一瞬暗くなりました。小屋から柵の外を見ると黒色の動物（サル？）が杉林へ逃げ込んでいきました。サル電撃柱のサツマイモを取りに来て電撃を浴びたようです。

現代農業二〇一〇年九月号

サルめがけて発射すれば、
「群が一斉にワーッと逃げる」

ロケット花火の発射台に一工夫

島根県美郷町

※農文協のビデオ・DVD『暮らしを守る獣害対策シリーズ』（全3巻）より

●雨どいの廃物を利用

ロケット花火を5本ぐらい束ねて点火して、雨どいの中に落とす。雨どいの底はガムテープで塞いである

●釣り竿を利用

先の部分をはずした振り出し式の釣り竿を発射台として利用。導火線に点火したら、ロケット花火を釣り竿に押し込み、タオルなどで底を塞ぐ。家の中から裏山めがけて発射。「だいぶ遠くまで飛ぶよね」

●塩ビパイプをL字につなぐ

体から離して発射できるので、火の粉で上着が焦げる心配がない

ロケット花火で何度でも追いかける、山の上まで追い詰める

山形県米沢市●網代忠志

6連発のロケット花火で、サルを山の頂上まで追い詰める。乾燥した日が続くと火事が怖いので、朝方湿気のあるうちや雨上がりに行なう。山に行ったら、ついでにキノコなどをとって帰る

張りきって定年帰農のはずが…

定年になって早くも三年になります。会社をやめて、農業をしようと思ったが、実家の土地は荒れ放題。もともと畑だったところを草刈りからはじめて、その後、建設機械で草の根の張った上土をむいてもらい、二年目から畑にして、カボチャ、ピーマン、ダイコン、ハクサイ、ブロッコリー、ニンジンなどをつくりました。初めてにしてはなかなかのできばえでは、と思ったが……、サルが来るとは思いませんでした。その後はサルとの戦いです。

最初は小屋の側に植えたカボチャに群がるサルの群。コーヒーの缶を叩きながら追い払ったが、平気なもので、おいしく実ったカボチャを食べてしまいます。サルは少し離れた場所に見張り役を配置し、人がいなくなるとすぐにカボチャ畑に来る。「いなくなる、来る、いなくなる、来る」の繰り返しで、困った困った。

それでもサルはやってくる

商売をするわけではないんですが、せっかくつくった野菜を守りたいと思い、妻と相談し、お金をかけないでサル対策をしてみようと考えました。

まずは、ペットボトルをズラッとぶら下げたり、手づくりの風車をザーッと並べてみたりしましたが、効果なし。そこで、畑の周りに五mおきに杭を打ち込んで、鳥獣用の網（一枚が一・八m×一〇mで一八〇円）を一〇枚張りました。

それでも来た――。

裏山がスギ林で、そこが隠れ場所になるからサルにとって都合がいいのだろうと考え、スギ林を下刈りして、里山をつくることにしました。すると、こちらからサルたちの姿が丸見えなので、少しは警戒するようになりました。

それでもサルたちは現われた――。

隣の組の人たちにロケット花火を分けていただき、サルが来ると撃ち、来ると撃ち……。なんとか来る回数が減りました。

それでもまた来た――。

ロケット花火で、山の上まで追い詰める

今度はサルが来るのを待って、花火を持って追いかけました。徹底的に、山の頂上まで追いかけました。すると、私の畑にはもう来なくなりまし

たが、次は隣の畑に来るようになりました。自分の畑ばかり助かってもしょうがないので、また花火で追いかけて……、それ以来、一～二週間おきに何度も何度も数えきれないほど、追いかけっこ。「ここはお前たちが来るところではない、来てはいけない」と、独り言をいいながら、私の態度でそれを伝えました。今では、サルたちは私の姿を見ただけで、逃げ出します。

　サル対策をしていない人の畑には、何回もサルが来て、全体的に食べられているが、私の畑の被害は微々たるものでした。

　サルとの戦いで感心したことは、「サルは人間より賢い。なにもかも。ボスザルは、子ザルも守るし、何十頭もの群の命も守っている」。私たち人間も見習うところがたくさんある。

現代農業二〇一一年四月号

パチンコ命中！サルが悲鳴をあげた

千葉県君津市●竹内 啓

わずかな庭先の畑につくっているトウモロコシ、ブドウなどを、収穫直前にサルに食われ、不要CDを吊るしたり、カカシを置いたりしてみましたが、効果なく、ふと遠い昔（六〇年くらい前）、幼少の頃、遊び道具だった「パチンコ」を思い出し、試作。

　テスト結果は上々でした。当初、玉は小石でしたが、ドングリ（マテバシイの実）のほうが、同じ大きさのものが手に入りやすく、ポケットに入れても軽いので、夏から秋に拾っています。

　毎日、サルと対面するわけではありませんが、一度だけ、撃ってサルの悲鳴を聞いたことがあり、命中したものと思われます。また、近くの孟宗竹に玉が当たると音が響くので、その効果があるようです。

　昨年はサルの姿を一、二度しか見ませんでしたが、パチンコに懲りて来なくなったかは、サルに聞いていないのでわかりません。次に会う機会があれば、聞いてみようと思っています。

現代農業二〇一一年四月号

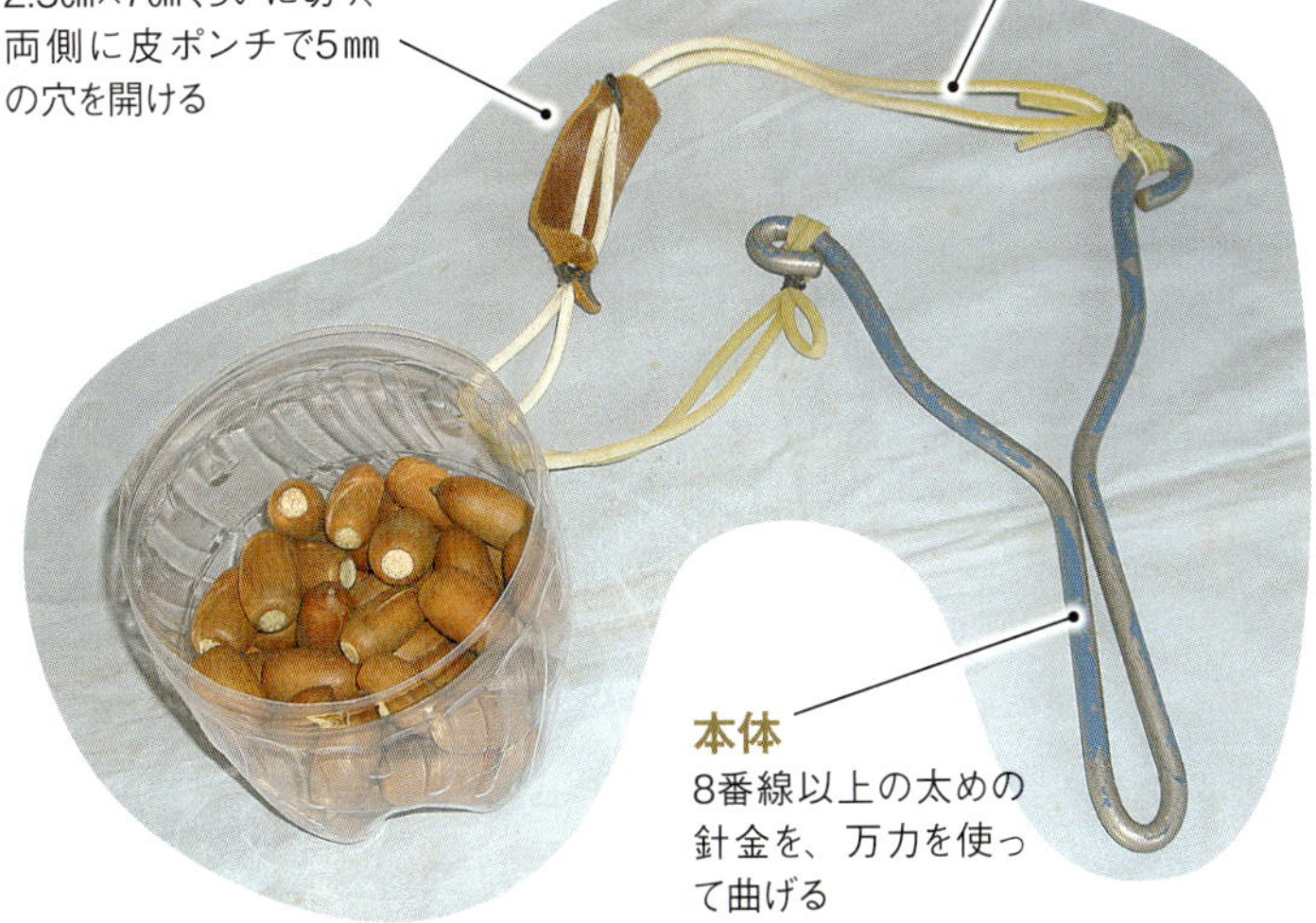
ゴム
自転車のチューブ用虫ゴム（カットしていない1mのものを100円ショップで購入）を二重にして、本体の両端、玉挟みの両端に通す。20番線くらいの針金で本体に固定
玉挟み
不要になったベルトを2.5cm×7cmくらいに切り、両側に皮ポンチで5mmの穴を開ける

鳥になめられない

農作物を食べるのはおもに
このハシボソガラス

イネの乳熟期に群れで
悪さをするスズメ

写真はすべて田口正訓氏提供

カラスのひみつ

食べもの

- 基本的に雑食性
- ハシブトガラスは動物性の肉などを好む
- ハシボソガラスは昆虫、穀物、カエル、農作物。農家を困らせているカラスの多くはハシボソガラス

繁殖

- ハシブトガラスは3～7月にかけてが繁殖期。ハシボソガラスはこれよりおよそ1ヵ月ほど早い
- 一度に産む卵の数は2～5個、そのうち巣立ちに成功するのは1～2羽

行動

- 視力は人の数倍、夜でも見える
- 嗅覚はあまり発達していない、ハトの1／4くらい
- 余った食べものを隠す。100ヵ所以上の場所に隠しても場所を覚えている（頭が非常によい）
- 仲間どうし30種類以上の鳴き方でコミュニケーションをとる
- オシドリに負けないくらいつがいで行動、秋から早春の繁殖期まで群れをつくる

死角はここだ！ 地上一五cmのテグスで野菜の食い逃げ完全防止

大阪府熊野町●岡田 正

もう「食い逃げ」は許さない

私は、当地で野菜栽培を始めて六年、二反の畑で年間約二〇品目の野菜をつくり、おもに道の駅に出荷している生産者です。野菜づくりを始めてからカラスの被害に悩まされ続け、トウモロコシ、トマト、スイカ、マクワウリ、ラッカセイなど、カラスにはずいぶんと「食い逃げ」されてきました。ときには全滅となることもありました。

当初は防鳥ネットを使っていました。確かに効果はあるのですが、設置と収穫のときに労力と時間がかかりたいへんです。カラス風船、カラス模型なども吊るしてみましたが、カラスが慣れてしまうせいか効果は一時的で、万全な対策とはなりませんでした。

なんとか簡便に低コストで防除できないかと考えていたところ、マンションのハト害対策にテグスを使っているのがテレビで紹介されていたのを思い出し、これを応用することにしました。その後、三年がかりで改良を加え現在に至っています。この方法を使うようになってから、私の畑ではカラスの食害は完全に防ぐことができています。

歩いて野菜に近づく動作を邪魔するのがポイント

カラスを観察していてわかったことですが、飛行中の小回りはあまりきかないようです。そこで野菜を狙うときも、空中から直接飛びつくのではなく、近くに着地してから歩いてエサまで向かっていきます。そして、たとえばトウモロコシなら、羽を使いながらジャンプして樹によじ登り実を食べるのです。したがって、この歩いてエサに近づく動作を妨害してやることが、カラス対策として効果があるようです。

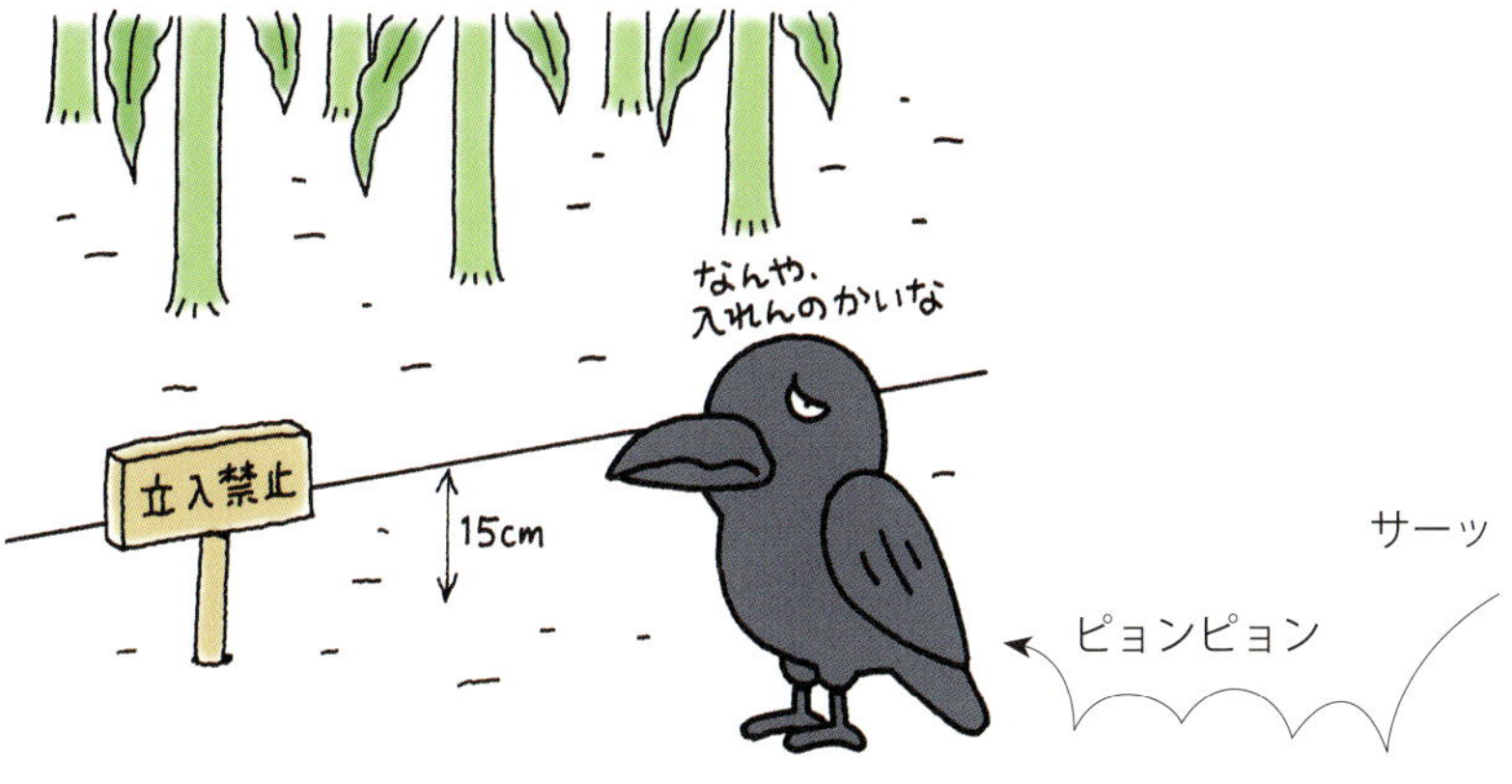

要点をまとめてみます。

①一番効果があるのが地上高一五cmのテグス。トウモロコシやトマトに張

る中段のテグスは、一応念のため程度。防鳥テープは単独では効果がないが、遠くから仕掛けがあることを認識させ、近寄るのを防ぐのには役立っているようだ。

②テグスは海釣り用の安いものでよいが、使い捨てになる。JAでは「ニゲロン」の商品名で太めのものを扱っている。やや割高になるが、これだと繰り返し使える。

③防鳥テープは、JA、ホームセンターなどで売っている表は赤、裏は銀色の一本一〇〇円程度のもの。

④カラスは対象作物の収穫時期が近づいてから狙いだすので、早くから設置する必要はない。むしろ、あまり早くに設置すると、雑草の伸長などで仕掛けの高さが変わってしまい、効果が薄れる心配がある。また、被害があってから設置しても次の被害は防ぐことができる。

以上、岡田式のカラス除けを紹介しました。私の畑ではこれで完全に防除できていますが、地域によっては改良が必要かもしれません。カラスにお困りの方は、ぜひチャレンジしてみてください。

現代農業二〇一一年四月号

＊現在、岡田さんはテグスを黒テグス（末松電子製作所製）に切り換えている。地上二mの高さに三m位ぐらいの間隔で張っても被害がないとのこと。

作物別のテグスの張り方

①トウモロコシ

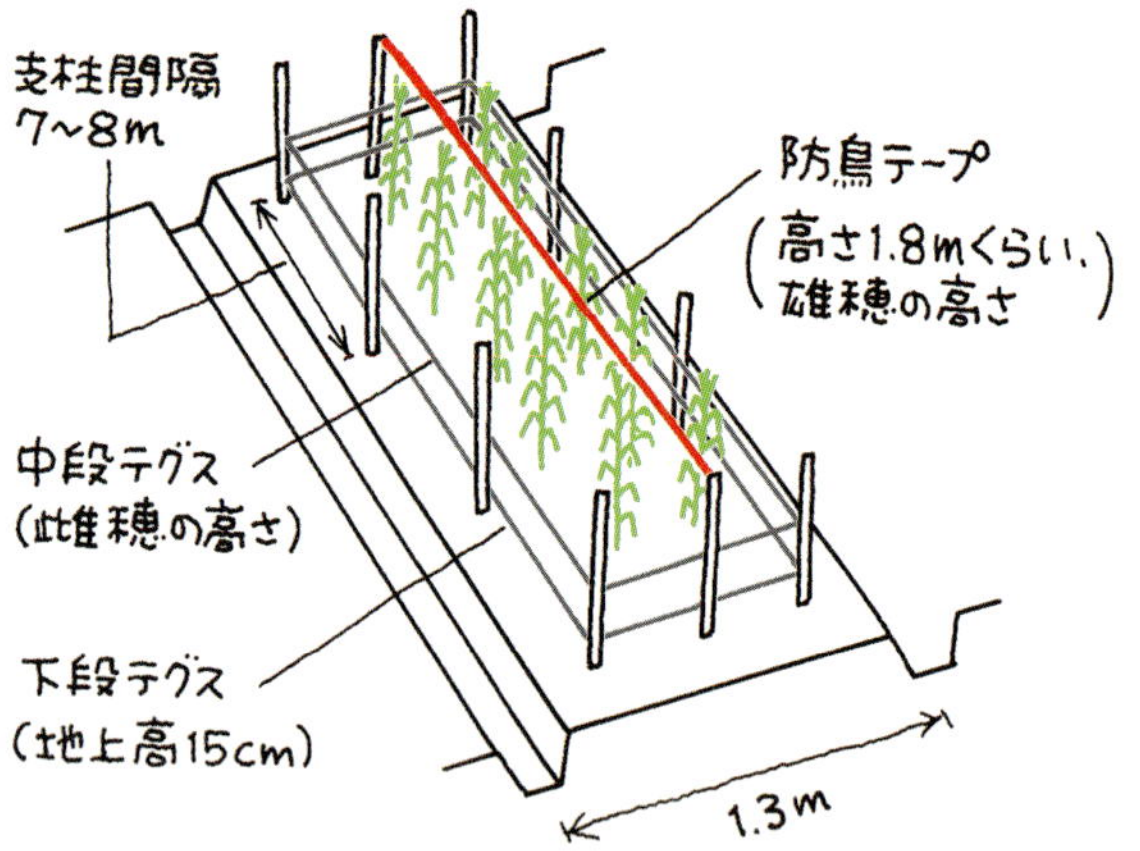

②トマト

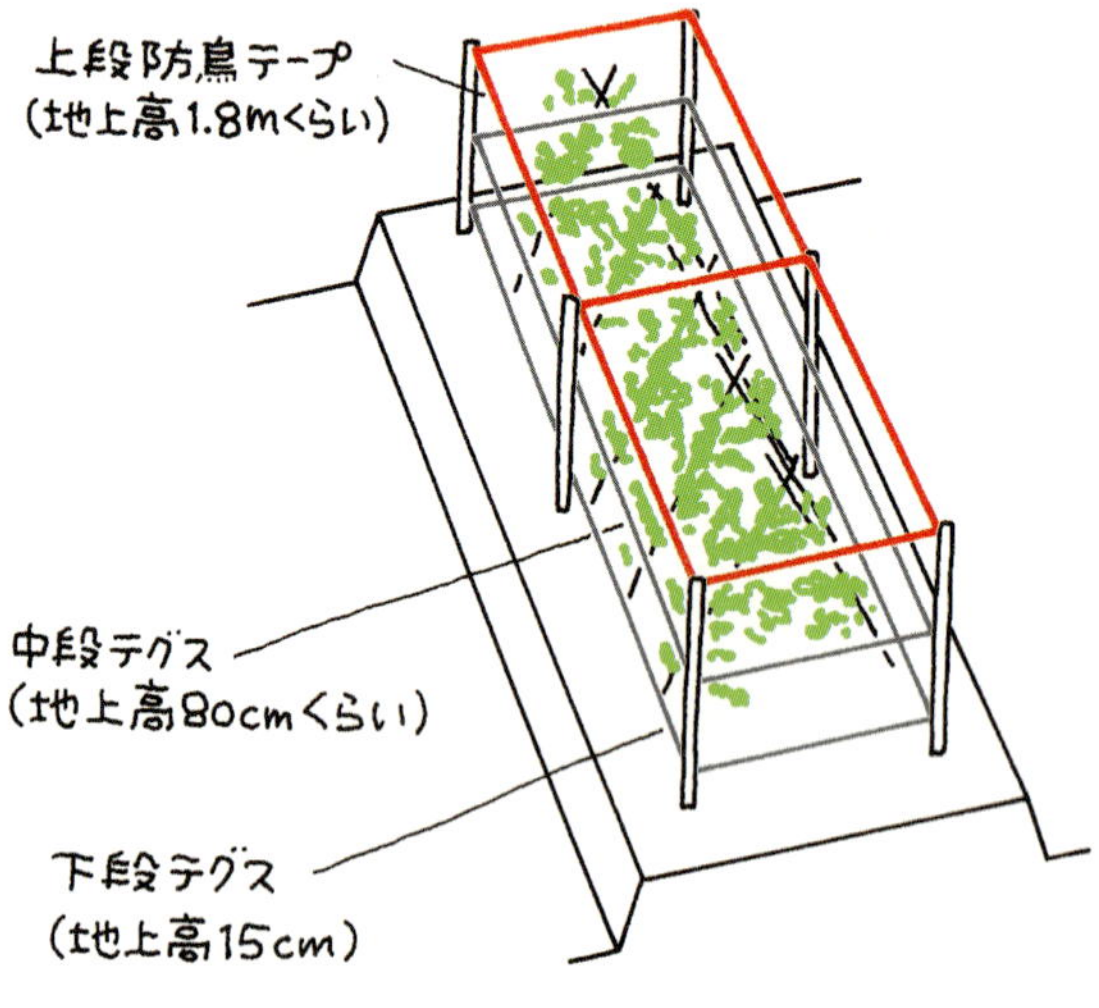

③スイカ、マクワウリ、ラッカセイ

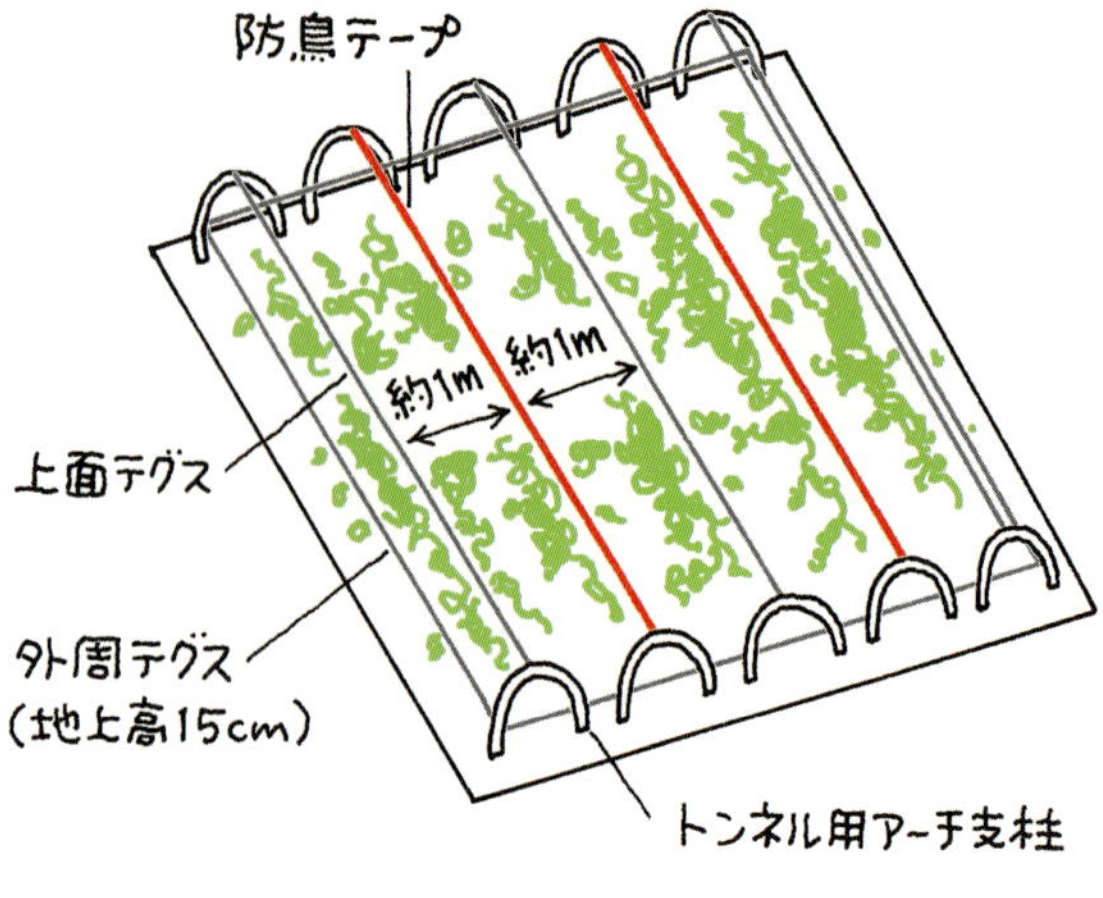

見えない糸＝極細黒テグスに カラスは慌てて退散

福岡県桂川町●古野隆雄

筆者

「実害」には慣れが生じにくい

私は一九八八年以来二三年間、田んぼの中でアイガモ水稲同時作の技術の創造を続けてきました。太めの黒糸、透明テグス、花火、カラスの死骸、磁石、CD、かかし、爆音機、バードパンチャー、鳥の鳴き声発生器、ワシの人形、黒マルチ……。私もいろんなカラス対策を試してきました。

一般的に、カラスに限らず外敵防御法は「脅し」と「実害」の二つのタイプに分けられます。右に列挙した方法の多くは「脅し」タイプです。この方法の欠点は、実害がないのでカラスのほうにやがて慣れが生じて、比較的短期間に効果が低下していくことです。ただ、最初からそれを想定して、いくつかの防御法を混合（ハイブリッド）使用すると効果が長続きします。手を替え品を替えカラスを脅すわけです。

一方、カラス対策のテグスやイタチ対策の電気柵は実害タイプ。慣れが生じにくく、その効果は一般に持続的です。

透明テグスは カラスに見えていた

実際に私は、この二三年間、カラス対策はおもに透明テグスのみで対応してきました。それでカラスの被害はほとんどありませんでした。ところが近年、各地で「テグスを張ったけどカラスに襲われた」という報告が増えてきました。

数年前に、鹿児島大学の家畜管理学教室で見せていただいたビデオは衝撃的でした。そこには、透明テグスを上手に回避して侵入していくカラスの映像が鮮明に映っていたからです。私は、この映像で、カラスには透明テグスが明らかに見えていることを確信しました。

しかし私の水田では、透明テグスでカラスの被害を防いできたのも紛れもない事実です。この二つの事実をどう整合させたらいいのでしょうか。詳しくは紙幅の関係で割愛させていただきますが、それは、それまでのカラスとの「関係性」で決まっているようです。

ほとんど「見えない糸」が 見つかった

とはいえ、カラスに透明テグスが見えている以上、私とカラスとの均衡関係が壊れ、七・二haのアイガモ田でカラスの大襲撃が明日にも展開される可能性があります。

　私は対策を考えました。それは「見えない糸」です。見えない糸に衝突したカラスが、その見えない因果関係をどう考えどう対応するか。考えただけでも愉快ではありませんか。

　私はナノテクで生まれるような超細くて強い糸を探しましたが見つかりませんでした。ところが二〇〇九年に偶然、極細の黒テグスを見つけました。透明テグスとこの極細黒テグスを並べて張ってみると歴然とした差があります。後者は、人間の目ではほとんど見えません。

古野さんの黒テグスの張り方

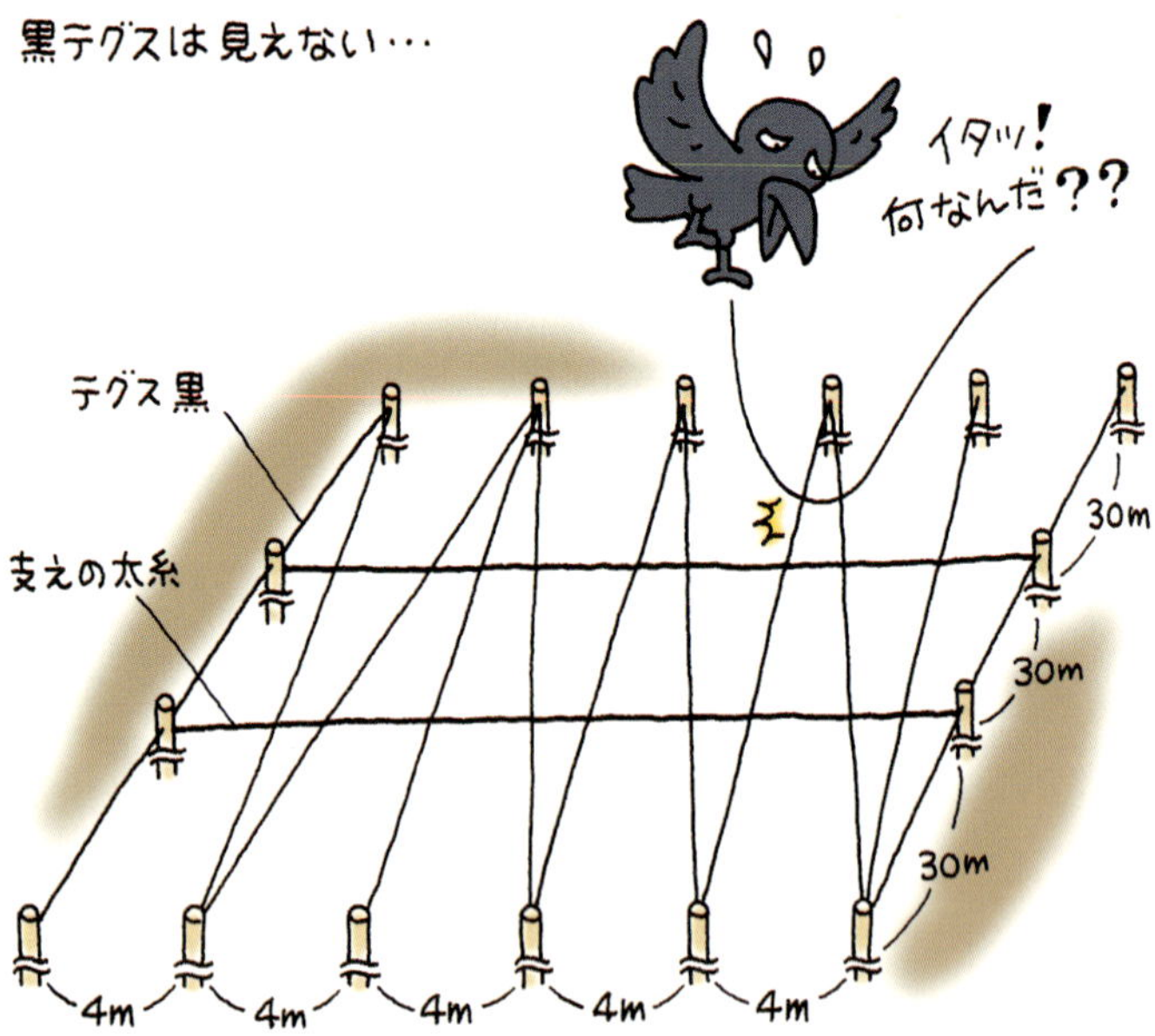

　二〇〇九年、まずアイガモ乾田直播の田んぼで透明テグスの間に極細黒テグスを張ってみました。効果は顕著でした。「四羽のカラスが飛んできて、一羽が極細黒テグスに当たり、慌てて逃げていった」。一部始終を観察していた次男は、私にそう報告しました。二〇一〇年は七・二haの田んぼすべてに極細黒テグスのみを張りました。結果はOKでした。

各地で成果続々

　私は、この黒テグスの効果を全国合鴨水稲会の機関誌に書きました。それで昨年は全国各地でテストされたようです。

　京都府の杉本良雄さんは、『合鴨通信』五七号で以下のように報告されています。「京都の中江（京都市右京区京北中江町）では毎年カラスとトンビに悩まされてきました。（中略）さて今年『鳥よけ黒糸』で実践。中江では四戸で購入して、やや密に張ったところ、やや疎に張ったところ、透明テグスと織り交ぜて張ったところなどいろいろな工夫で試験しました。結果は、今のところどの家でも威力を発揮しています。どの家からも被害の報告がありません」

　また私は、二〇〇九年にダイズ畑のハト対策にも極細黒テグスを使用しましたが、被害はゼロでした。

　今のところ、この極細黒テグスのカラス防御の本当のしくみはよくわかりません。やがて慣れが生じるかどうかもわかりませんが、少なくとも「見えにくい」という特徴があります。簡単ですのでトライしてみてください。そして結果を教えてください。

　なお極細黒テグスは、まず、みなさんの周辺で探してみてください。見つからない場合は、熊本の末松電子㈱（TEL〇九六五―五三―六一六二）が〇・三㎜の極細黒テグスを販売しています。

◎極細黒テグスの効果の詳細や外敵防御全般については、拙著『合鴨ドリーム』（農文協）をご覧ください。

現代農業二〇一一年四月号

カラスよけに針金リング、カラス防ぎリング

群馬県前橋市●大嶋洋平

会社を定年退職後、家庭菜園を始めました。イチジク五〇本のほか、野菜をいろいろつくっています。カラスの被害に困っていたところ、知人から、針金をリング状にして吊すとカラスよけになると教えてもらいました。一シーズン試してみたところ、確かに効果がありました。もっと簡単に大量につくりたいと思い、このカラス防ぎリングを考案したしだいです。

材料は直径一〇cmほどの塩ビ管。それを三mmほどの幅で輪切りにしたうえ、針金のように銀色に塗りました。

わが家のトウモロコシやスイカ、イチジクで二シーズン使っていますが、針金リング同様、カラスは寄りつきません。カラスに突かれて困っていた生ゴミ置き場でも効果を確認しています。ただ、カラスには効くものの、スズメやハト、ヒヨドリには効きません。

設置のしかたは、図のとおりです。必要な方には一〇リング七三五円（送料別）でお分けしています。

（群馬県前橋市女屋町一一九〇　TEL〇二七—二六一—五六七五）

現代農業二〇〇五年九月号

カラス防ぎリングの吊し方

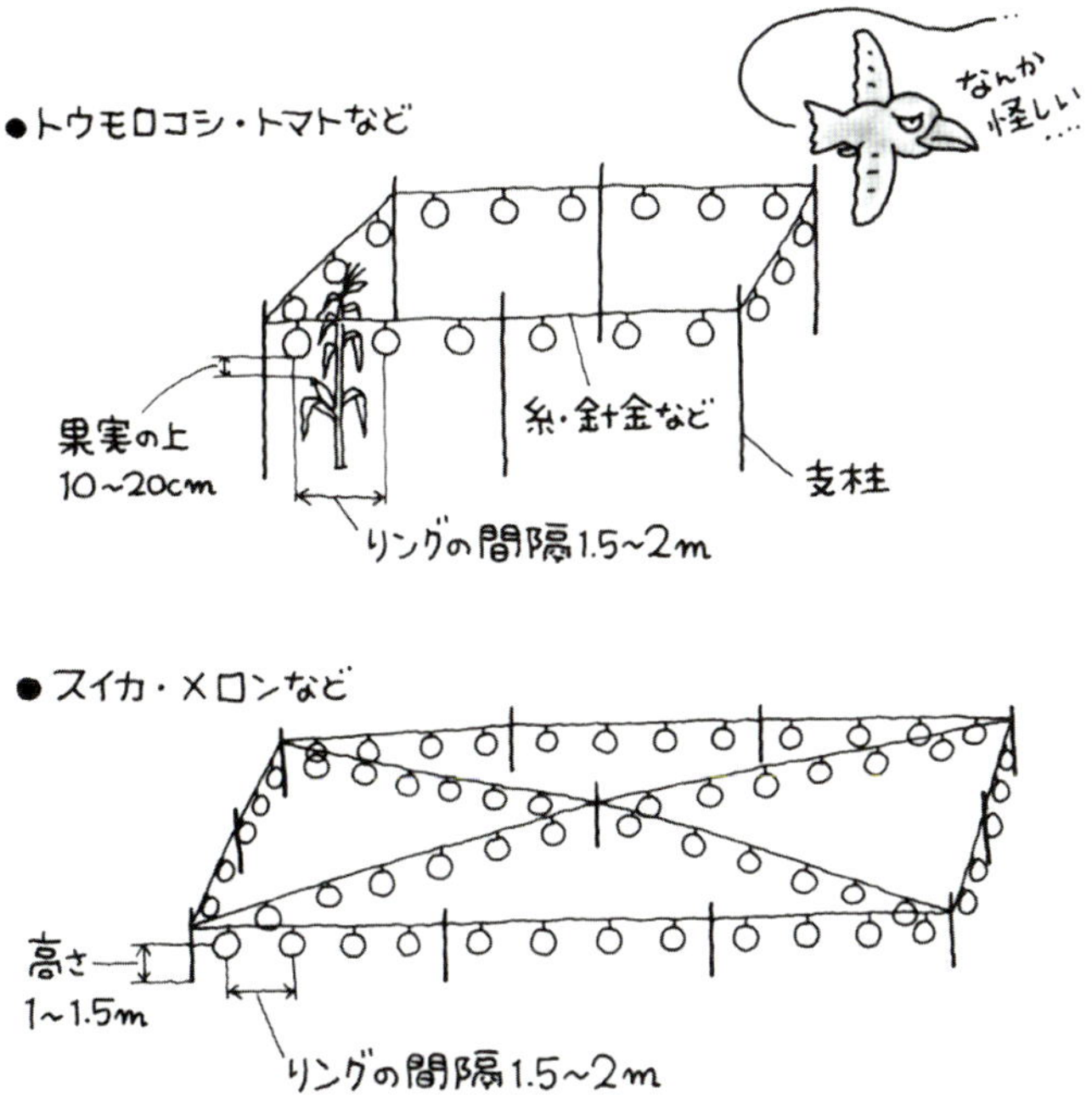

「カラス防ぎリング」と筆者

ビニールハウスに取り付けられる 害鳥飛来防止装置

宮崎県延岡市●村岡 隆

わが家では、娘の就農をきっかけに、ハウスで完熟金柑と完熟マンゴーの栽培を始めています。なんとかしてやりたいと思ったのが、娘がときどきハウスの上に上り、ビニールの修理をしていることでした。カラスやシラサギ、トンビなどがハウスの上に止まって、爪でビニールを破いてしまうことがあるのです。

ライトを付けて追い払うことを考えましたが、電柱をいくつも立てるのは経費がかさみます。竹竿の先にライトを付けて立ててみたこともありましたが、折れてハウスを破ったりしてたいへんでした。

害鳥対策用の商品はいろいろ市販さ

れていますが、地上一〜一・五mくらいの高さで細工して使用するものが多く、ビニールハウスに取り付けられるようなものは見つかりません。そんなある日、ビニールの張り替え時に簡単に付けたりはずしたりできるパッカーを見ていて、ハッと思いついたのが写真の装置です（二〇〇四年八月に特許取得）。

ビニールハウスに簡単に取り付けられる害鳥飛来防止装置。パッカーとギタースタンドを組み合わせ、そこにセンサー付きライトを取り付けたようなもの

ライト自体は、動くものにセンサーが反応して点灯します。センサーが感知する範囲は、四五度の角度で一〇〜一五m程度まで。ライトの点灯時間は三〇秒から一二〇秒くらいまで変えられます。

近年は、施設野菜や果樹などの盗難が相次ぎ、同業者としては心を痛めていましたが、この害鳥飛来防止装置が、泥棒よけにも利用できることがわかりました。素人が考えたものですので改善点もあると思います。多くの方々にご覧いただき、ご批評いただけたらたいへん嬉しく思います。

現代農業二〇〇五年九月号

ハウスの内に付ければ泥棒対策にもなりそう

トンビを餌付けして「畑の番人」に

長崎県西海市●竹嶋 巌

手塩にかけて育てたビワが無残にも

幼い頃、「百姓は虫と雑草との戦いだ」と祖父にいわれたことを思い出します。

健康増進と仲間作りのため、二五年前から趣味の園芸程度に細々とビワ園を経営してきました。それが二〇〇三年に定年退職し、ビワ作りに専念することになりました。現在、ビワ園二五a（長崎早生、樹齢一〇〜二五年）のほか、水稲二五a、畑四〇a（ソバや野菜の体験農場）、採草地六〇a（ビワ園の敷草用）の経営です。

「農作物を栽培するには、それなりの肥培管理は必然のこと」と覚悟していました。そうやってビワを一年間、手塩にかけて育てたのに、収穫の目前で無残にもカラスの被害を受けてしまったら、それ以上に悲しいことはありません。生産意欲も減退します。

カラスはビワの収穫期はもとより、

袋掛けした直後から、実を食べるわけでないのに、繰り返し悪さをします。スイカ・メロン・トマト・ダイコン・ハクサイなどの野菜も被害を受けます。そのため、近所のほとんどのお年寄りは野菜づくりをやめてしまいました。

トンビのエサ場を作り、ビワ園を縄張りにしてもらう

春先の繁殖期になると、トンビとカラスが上空で喧嘩している光景をよく見かけます。「もしかして、トンビを餌付けしたら、ビワの番人になってくれるのでは…」と思いつきました。趣味でよく行く釣りで得た小魚や、魚屋さんから格安で仕入れた魚を冷凍庫に保管し、それを朝と夕方の二回、ビワ園で給餌することにしました。

毎年、ビワの袋掛け作業が始まる二月下旬になると、トンビたちも巣づくりを始めます。餌付けを始めた二〇〇一年頃は、人が近くにいると警戒し、なかなかエサ場に降りてきませんでしたが、最近では二つがい四羽のトンビが手の先まで近づくようになりました。

エサ場には当然、カラスもやってきます。しかし、トンビたちはエサ場を守り、巣の卵やヒナを守るため、カラスをすさまじい勢いで撃退します。給餌の時間だけでなく、ときどきビワ園の上空を旋回し、エサを要求して鋭い鳴き声を出してくれます。そのおかげで、カラスはビワ園に近寄らなくなりました。

給餌場からエサを取るトンビ

筆者

トンビと私の「みかじめ契約」

トンビに必死になってもらうためには、単にエサ場を作るだけでなく、ビワ園の近くにトンビが営巣するのに適した場所も必要です。見晴らしがよく、大木などがあるところです。また、トンビがあまり給餌に頼りすぎないようにすることも大切です。エサは一回につき、小魚一尾ずつにしています。

ビワの収穫は五月下旬には終了します。その頃になると、トンビのヒナたちも巣立って行きます。そこで、給餌の回数を減らし、トンビと私の「みかじめ契約」が終わります。

ビワ園には、地産地消、食べ物や命の大切さ、感謝の心、自然の恵みなどを求めて、近くの小学校四年生がやってきます。ビワの樹を一三本提供しての体験学習です。児童たちが作業に訪れたとき、トンビに餌付けするようすを見せると大喜びします。児童たちはいろいろな立て看板を設置し、トンビにエールを送っています。

現代農業二〇〇六年九月号

イネ苗のスズメ対策

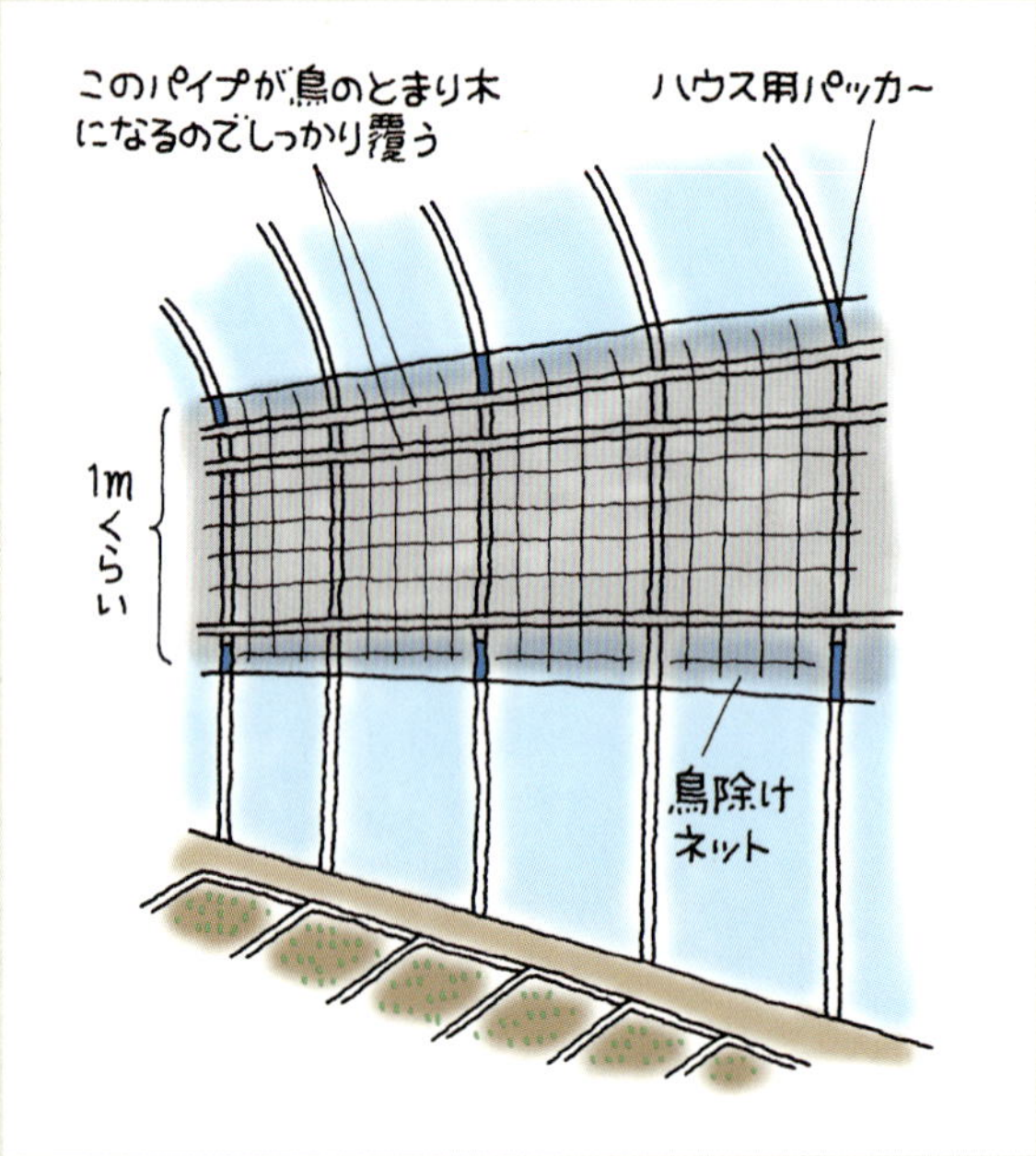

育苗ハウスのスズメ対策はサイドにネット

福島県北塩原村
●佐藤次幸さん

発芽して、平置きのシートをはいで数日間が問題なのよ。育苗ハウスのサイドを少し開けただけで、スズメがドカーッと入ってきて苗を食べちゃう。この対策は、サイドの開く部分に内側から鳥除けネットを張るだけで大丈夫。軽くて安くて耐久性抜群、うちはもう20年使ってるよ。ただし、スズメってのはとまり木になるものがあると寄ってくるので、横パイプにしっかりネットをくっつけてね。

ポット苗に網目2㎜の寒冷紗をべたがけ

山口県防府市●石田卓成さん

スズメが出芽直後の苗をほじくりだして食べるのを防ぐため、播種して鎮圧した後は苗代に寒冷紗をべたがけ。網目は2㎜がちょうどいい。この網目ならスズメに食べられないし、2葉期までなら簡単にはがせる。2葉期くらいになると種子自体の栄養がなくなり、スズメにとっても美味しくないスカスカ苗なので、寒冷紗をはがしても食べられない。

現代農業2011年4月号

直播き田にセットした時限爆竹。直播き田では発芽してからの湛水直後と、秋のスズメの害を防ぐときに使う（この撮影時にはもう使用していません、太田俊治さん提供）

スズメ、カモ、カラスの害

ここぞというときの「時限爆竹」などの合わせ技で防ぐ

宮城県石巻市●太田俊治さん

「鳥害対策では慣れさせないことこそが肝心」という太田俊治さんの対策は、何段階にもわたって用意された合わせ技です。

時限爆竹

その一つは蚊取り線香を利用した「時限爆竹」。やり方は次ページの図のとおりで、早朝や夕方など、鳥を追い払いたい時間に合わせて爆竹を鳴らすことができます。蚊取り線香一巻が燃え切る時間は六〜八時間なので、そこから計算して、ちょうどいい時間に導火線に点火するようセットするわけです。

もともとは山形県の木村日出夫さんが考案したものを、太田さんなりに改良したのがこのやり方。同じく大きな音を立てるにしても、爆音器のように定期的なサイクルにはならないのが時限爆竹の利点です。そのため鳥が慣れにくい。それに、線香のにおいや火薬のにおいも、鳥は嫌うのではないかとのこと。

ただこれも、一週間以上続けては効果がなくなります。秋にスズメがイネを好む乳熟期の一週間くらい、春に直播きのイネがカモの被害に遭いやすい一週間くらい、そんな、ここぞという短期間に絞って使うのがこの方法です。

墨汁で真っ黒種モミにしてカモフラージュ

直播き田の播種後の鳥害対策はもう少し長期戦になります。

太田さんの直播栽培は、代かきして湛水状態で播種したあと、芽が出るまで落水するやり方なので、まずカラスやスズメが問題になります。播種した種モミが完全に泥に埋没すればいいのですが、そうはいかない。カルパーを粉衣して白っぽくなったモミは目立つので、それをカラスがほじくり返し、それでカルパーがはげると今度はスズメが狙ってくるのです。

そこで太田さんは、カルパーを溶くのに水ではなく墨汁を使うことにしました。これだとモミが黒くなるので、カラスに見つからずにすむというわけです。

発芽後、湛水してからはカラスやス

ズメは寄りません。その代わりにやって来るのがカモです。ここでさきほどの爆竹を使います。芽が出て入水を始めたときからセットして、早めに備えるのがいいとのこと。

テグス、クレオソートも使う

また、カラス・スズメ・カモ共通の嫌がらせ策として行なっているのがテグスを張ることです。

アゼに一〇mおきくらいに支柱を立て、直播きの田んぼを囲むように、地面から三〇cmと一～一・五mの二段に張ります。支柱にはセロテープで留めるのがポイント。一カ所で切れても、テグス全体がたるんでしまわずにすむからです。

さらにもう一つ、ニオイによる嫌がらせ。これはおもに、夜間も活発に活動するカモ類の対策です。テグスを張るための支柱を利用して、その低い位置にクレオソートを入れたペットボトルも吊します。

現代農業二〇〇五年九月号

時限爆竹のしくみ（スズメ・カモよけ）

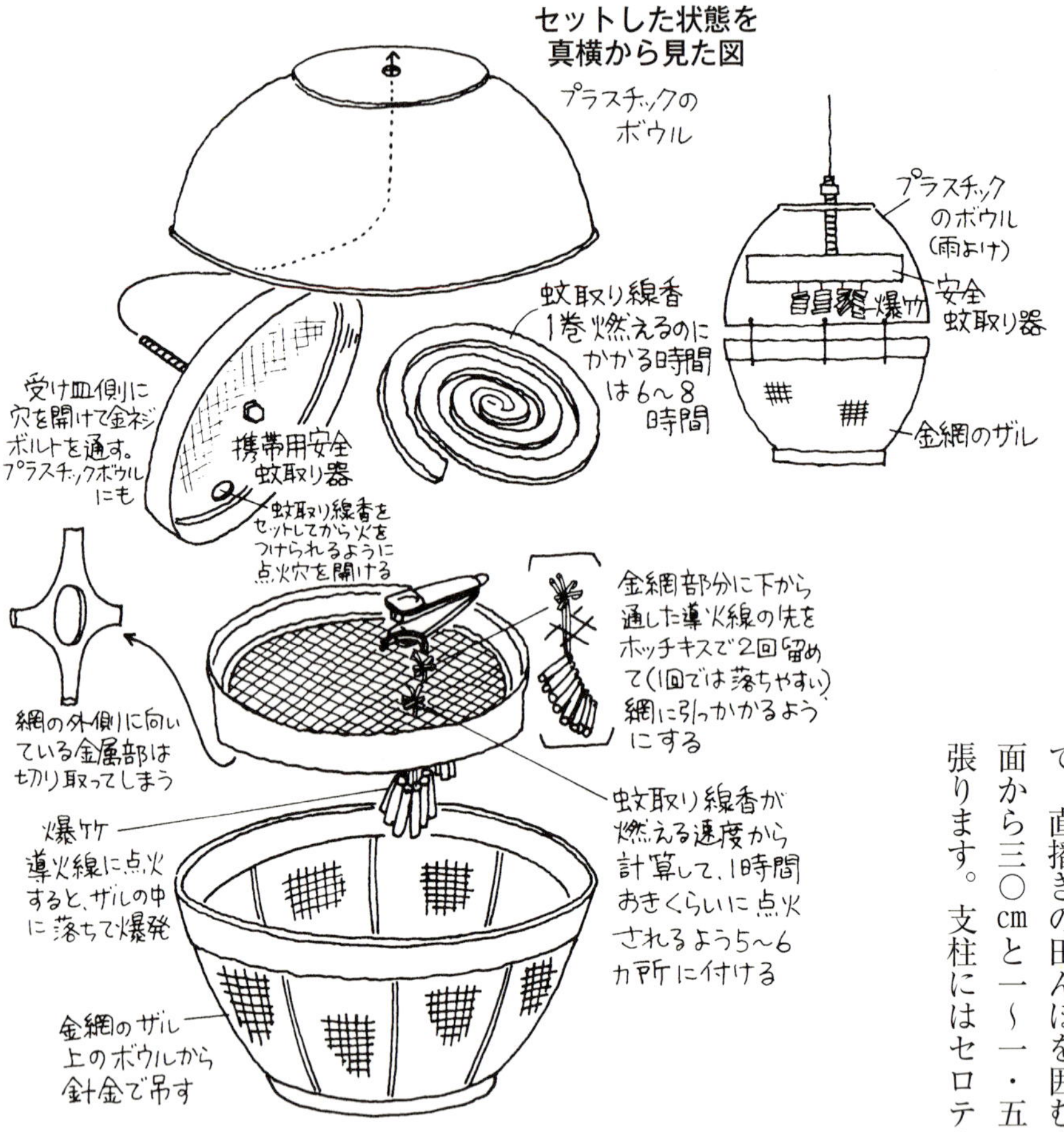

直播き田の播種直後のカラス・スズメ対策

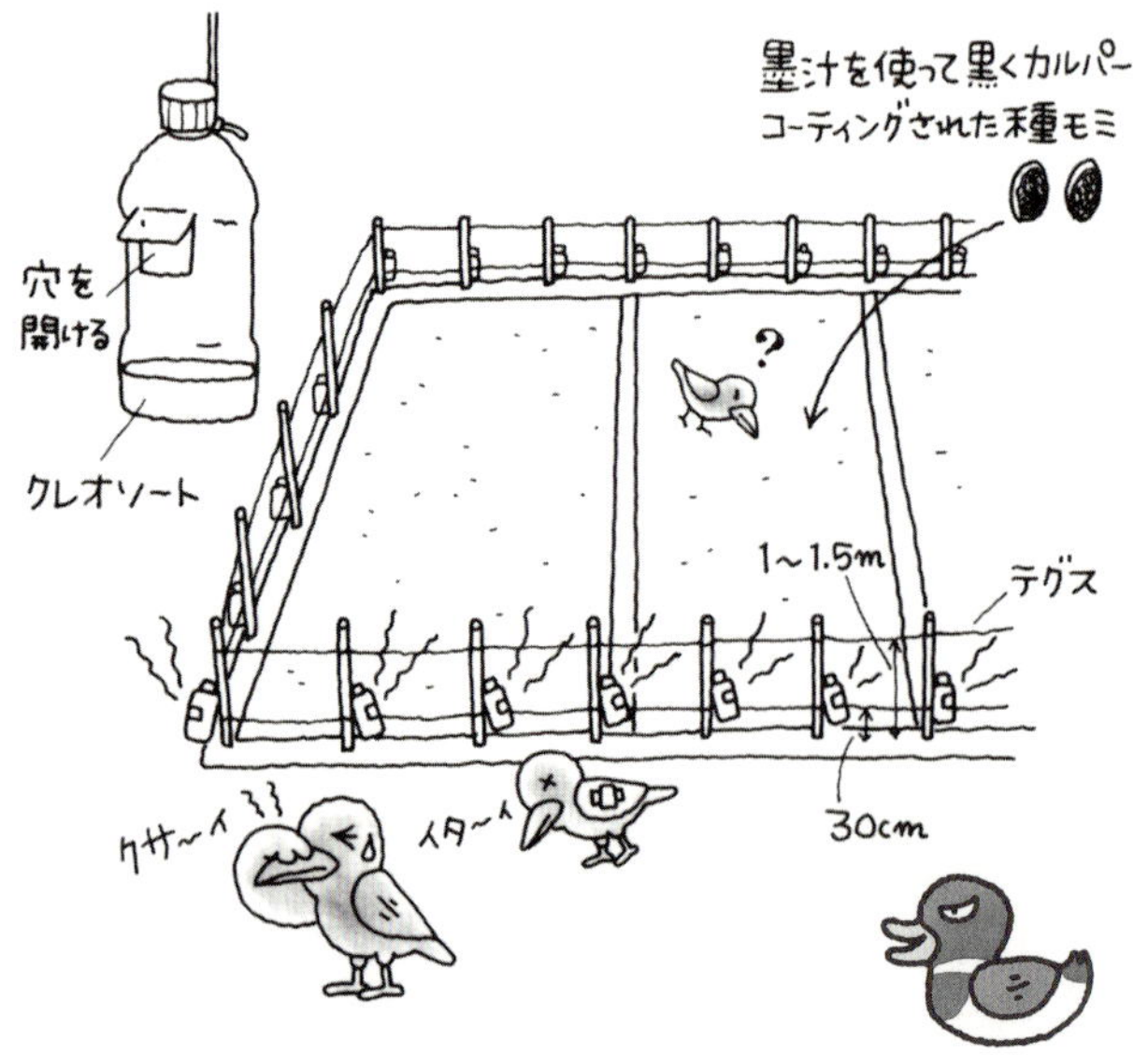

人間もビックリ!
超リアルかかしでスズメ被害ゼロ

長野県池田町●
松澤範明さん

「もしもし、有名なかかしを見に来たんですけど、場所を教えて……え!? これがかかし!!!!」松澤さんの作るかかしは近くで見ても人間そっくり。間違えて声をかけてしまう人も後を絶たない。今では池田町の秋の人気スポットだ。かかしと、見に来る人の相乗効果でスズメ被害はほぼゼロ。材料にはペットボトルや廃材など腐りにくいものを使い、古着を使うなどエコにもこだわっている。

（野村美絵撮影）

稲穂を見つめる母ちゃん

近所の人に古着をもらって制作。その人の妹さんが本気で声をかけてしまい「まぎらわしい!」とご立腹（下條浩久撮影）

おばあちゃんと孫

絵描きのおばさん

北アルプスの景色を描きに来る人がモデル。犬も吠える（ほど人間そっくり）と評判（堀内秀彦撮影）

草刈りおばさん

（下條浩久撮影）

松澤範明さんのブログ
（「池田自動車　ブログ」）
http://shinshu.fm/MHz/88.42/

樹上完熟カンキツの鳥獣害

園地まるごとネットでべたがけ

山口県周防大島町●山本弘三

べたがけは、施設なしでミカンの樹に直接ネットをかぶせるだけ。足が絡むのを恐れて鳥は寄り付かない。外すのが面倒なので、樹が低くて外しやすい早生のみ

ただ待てばいいわけではない

私の完熟栽培は、正直言って特別変わったことはしていません。誰でも知っている技術を組み合わせて使っているだけです。要するに、どんなカンキツでも、その品種が持つ能力を最大に発揮させて最もおいしくなる時期まで待って収穫するだけのことなのです。

もちろん、ただ待てばおいしくなるわけではありません。実際にはミカンをおいしくするための要因を踏まえ、マルチ栽培・草生栽培・後期摘果・環状剥皮などの下準備が必要です。

鳥獣害から守るネット被覆

もう一つ、完熟栽培をやろうとすると大きな問題になるのが鳥獣害です。近年そのおいしさが認められた越冬完熟の早生ミカンですが、樹に果実をつけただけで何も手を打たないと、一つ残らず鳥や獣に食べられてしまいます。

守る方法として、一つにはミカン一個一個に袋かけを行なうやり方がありますが、これは大変な労力です。また、袋ごと鳥や獣に持っていかれることもときどきあります。

そこで、私のところでは最近ネットでミカン園全体を覆う方法をとっています。今回はこの方法を少し詳しく紹介してみます。

張りっぱなしのネット施設、安くて簡単なべたがけ

一つは、鋼管やワイヤー・半鋼線などを使ってネットを張る施設を作り、網の耐久年数が尽きるまでネットを張りっぱなしにする方法です。

またもう一つ簡易な方法として、施設なしでミカンの樹に直接ネットをかぶせるべたがけの方法をとっています。べたがけの場合は、新芽を吹く前に外さないと取れなくなるので、毎年掛けたり外したりが面倒です。ただコスト的にはネットだけ購入すればよいので、施設化するよりはるかに安くあげることができます。

毎年袋かけなど何らかの鳥獣害対策が必要な南津海などの中晩柑では、ぜひともネット栽培にすべきだと思います。私のところでは早生ミカンの越冬完熟のみネットのべたがけでやっていますが、早生ミカンは樹がコンパクトでなおかつ枝葉が密生しているので、ネットをかけても外しても作業が比較的ラクにできます。

中晩柑用の恒久的ネット施設については、業者の設計施工では一〇a当たり一〇〇万円以上かかります。これを

三〇万～四〇万円くらいで上げるためにはいろんな工夫が必要です。業者任せにすると施工の人件費が非常に高いので、できることはできるだけ自分で施工する、仲間を集めて共同作業とする、などで半値以下で作ることもできます。県や国や自治体の補助事業があれば、それに参加することでさらに安く手に入れることもできるはずです。

ネットは三〇㎜目が最適

ここでネットの種類や材質について私なりの考え方を書いてみます。

ネットの種類には、蚊も通さないような目の細かなものからのり網のような目の粗いものまであります。果物にとって被害の大きいカラス・ヒヨドリなどの中くらいの大きさの鳥を対象とするなら、三〇㎜目の網が最適だと思います。

私のネット施設。鋼管やワイヤー、半鋼線などを使って作った施設にネットを張りっぱなしにする。早生ミカン以外はこの方法

一般規格にあるもので四五㎜目のネットも安く手に入りますが、ヒヨドリは防ぐことができません。また二〇㎜目のネットになるとメジロなどの小型の鳥も防ぎますが、単価が倍以上になります。風や害虫も同時に防ごうという発想から一〇㎜以下の目の細かいネットで覆われた園地も見たことがあります。しかし降雪のない地帯ならば問題ありませんが、毎年少しでも積雪のあるところでは、ネットの上に雪が積もってネット施設が重みでつぶれてしまうことがあるので要注意です。目の細かなネットを張る場合には風に対する強度を強くしなければならないため、骨組みにかなり費用がかかり、単価も非常に高くなります。

施設なしのべたがけ用の場合ならば、目は細かいほど掛けたり外したりがラクですが、私のところでは完熟の早生ミカンなどは単価の安い三〇㎜目のネットを使っています。目の細かい寒冷紗やサニーセブンなどの被覆資材で樹を一本一本包んでゆくのも簡単で確実な方法ですが、大風に弱いのと樹の数が多くなると作業も大変です。

一〇a三万四〇〇〇円の安いネットで六年もつ

現在、約二・五haある農園のうち、ネット施設で覆われた畑の面積は六〇aくらいです。今年二〇a余り中晩柑を新植したので、二、三年後にはネット施設がさらに二〇a余り必要になってきます（べたがけは一〇a程度）。

わが家のネット施設のうち、一カ所は古いビニールハウスの骨組みの上に直接かぶせています。この春に一カ所でネットの張り替えを行ないましたが、古いネットは一〇a当たり三万四〇〇〇円の安いもので六年もちました。

ネットのことばかり書きましたが、本当にうまいものをつくると鳥や獣たちと競争になってしまいます。しかしネットの中なら安心して完熟になるまで待つことができます。手を尽くし丹精込めてつくった果実を完熟前に盗られてしまうのは何とも無念なことです。本当においしいミカンを、またもっとおいしくなるまで待ってくれるお客様のためにも、わが家ではネットが必要不可欠になっています。

現代農業二〇〇九年十一月号

危険察知！

ミシン糸でぐるぐる巻きミカンに ヒヨドリは近寄らない

三重県農業研究所●市ノ木山浩道

除去しやすいミシン糸を張る

ヒヨドリ等に対して人間が設置したおどしは、動物の慣れや学習等により、すぐに効果がなくなってしまいます。糸を果樹に巻きつけることは、鳥の命をおびやかす可能性があるため持続する効果が期待できます。

糸を張ると聞くとナイロン糸を想像しますが、これは価格が高く、何よりも強度が強すぎてせん定作業等でとても邪魔になります。そこで私が提案するのは、裁縫に使用するミシン糸です。ミシン糸は五〇〇〇m巻きが一〇〇〇円程度で安価です。太さは六〇番（普通）か九〇番（細め）が使いやすいです。この太さであれば素手で切ることができますし、皮やゴムの手袋をつければさらに安全に早く除去できます。

ペットボトルを改造した糸入れと、中古の釣り竿を改造した道具を使って、糸を樹体に直接巻きつけます（図1・2）。糸の先端をミカンの樹に縛り、枝に糸をひっかけて、周囲を歩きながら竿を筆のように動かして適当な間隔で糸を張り巡らせます。このとき、樹のすそ部分や上面にもしっかり糸を張ることが大切です。なお樹が接している場合は、何本かを一緒に張ることもできます。

約一〇〇円で三〇〇〇円分の被害減

糸を二〇〜三〇cm間隔でしっかり張った場合、一樹当たりで使用した糸は平均二四八mで、作業時間は一九五秒でした。また、四〇〜五〇cm間隔でやや粗く張った場合は、一六八m、一四八秒でした。

ミシン糸を張った様子。ヒヨドリは危険を察知して近寄ってこなくなる。黒い糸は人が見にくいので白い糸がよい

「ミシン糸でぐるぐる巻き」は2018年現在、商品化（「実之守F1小太郎」）され、(株）一色本店で取り扱っている（https://a117.co.jp/products/archives/156）

図1　糸入れの作り方

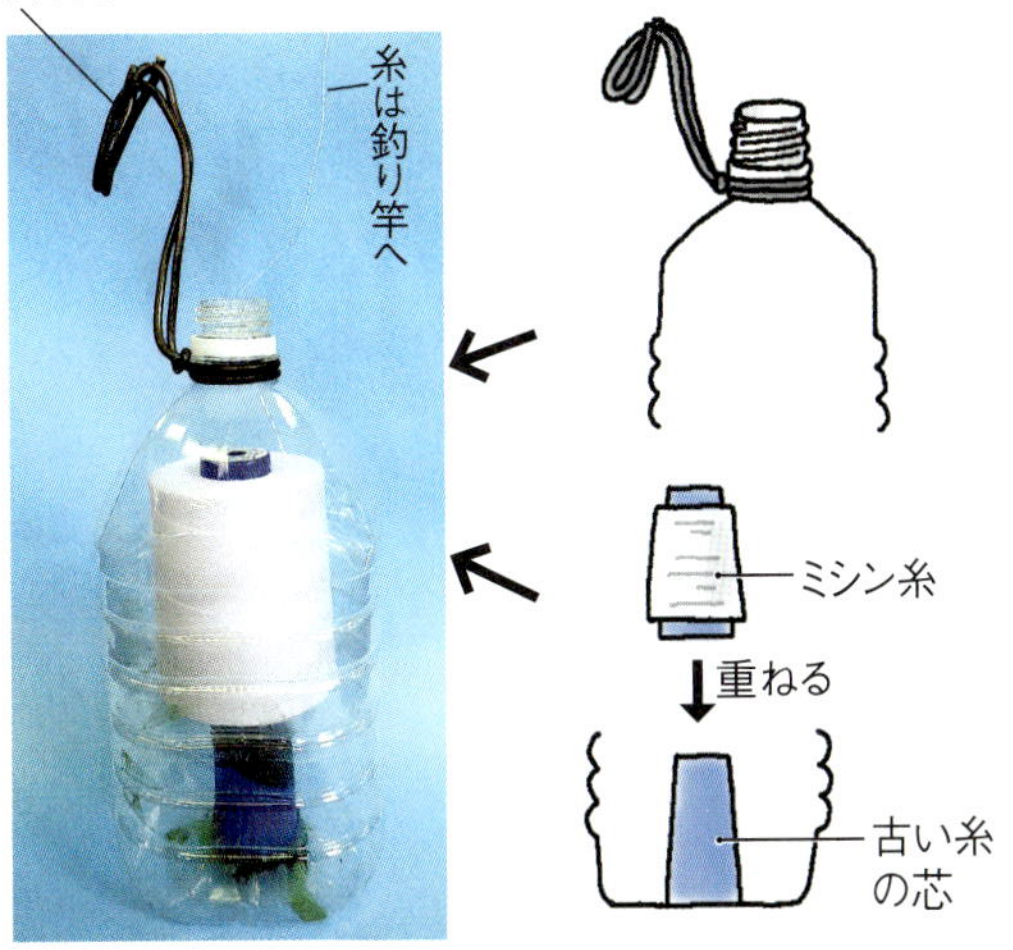
針金をズボンのベルトなどに
引っ掛ける

2ℓのペットボトル（高さ24cm、底径10cm程度）を半分に切り、古い糸の芯をボンドで固定してミシン糸を置き、ペットボトルの凸凹を重ね合わせるようにして押し込んで固定する

図2　糸の張り方

糸設置にかかる経費と被害額の試算

処理区	1樹当たり糸使用量（m）	1樹当たり作業時間（秒）	糸を張る経費（円）			1樹当たり累積被害額（円/樹）		
			糸代金	労賃	合計	11日後	20日後	32日後
しっかり張る	248	195	51	54	105	152	270	1,042
やや粗く張る	168	148	32	41	74	361	767	1,697
無処理	0	0	0	0	0	1,024	2,323	4,005

樹は樹高2.6m、樹幅4.0mの場合。糸代金1000円/5000m、労賃1000円/時間、1樹平均着果数758果、1果重110g、1kg単価250円で試算。「しっかり張る」は3樹平均、「やや粗く張る」は4樹平均、無処理は2樹平均

これらの糸の資材代金と労賃を合計すると、しっかり張った場合で一樹当たり一〇五円、やや粗く張った場合で七四円でした（表）。

糸を張らない無処理区を設けて比較試験をしたところ、一樹当たりの被害額は、無処理区では試験開始三二日後四〇〇五円と甚大でした。一方、糸をしっかり張った場合、三二日後一〇四二円に抑えることができました。これに一樹当たり一〇五円の経費を差し引いても、明らかに糸を設置するほうが被害額が少なくて済む（約三〇〇〇円）ことがわかりました（表）。

糸を張る道具は、中古の釣り竿を使いましたが、芯が空洞のパイプのような物でも利用できます。糸もさらに安い製品を利用すればコスト低減につながります。また、温州ミカン以外の作物にも応用可能であると思います。

現代農業二〇一六年九月号

ネットは2人1組で張る。弾性ポールがネットを張りやすくするガイドになる（大西暢夫撮影）
ほかにもさまざまな対策技術がありますので、詳しくは「中央農業研究センター」のホームページをご参照ください（http://www.naro.affrc.go.jp/org/narc/chougai/）

弾性ポールで鳥よけネットをラクに張る

中央農業研究センター鳥獣害グループ●吉田保志子さん

収穫間近の低樹高の果樹や果菜類に鳥よけネットを簡単・短時間で張れる方法を開発したのは、中央農業研究センターの吉田保志子さん。

鉄パイプの支柱に弾性ポールをアーチ型に差し込んで枠をつくり、ネットを這わせる。シンプルだが、枠があることでネットが作物に引っ掛からずスムーズに張れる。中古の鉄パイプを使えば材料費は一a一万円程度と安い。

一度畑に鉄パイプを打ち込んでしまえば、二回目以降は収穫前後に弾性ポールとネットを着脱するだけでいいので時間も大幅に短縮できる。

現代農業二〇一一年四月号

支柱先端のペットボトルで鳥よけネットがラクに張れる

神奈川県横浜市●鴨志田政俊

一五年前からトマトやトウモロコシなどで収穫直前に鳥の被害にあうようになりました。そこで、支柱先端部にヒモを張り、その上に網をかけました。ネットを張れば鳥の被害はゼロになりますが、この作業が大変です。それが、農家仲間の雑談で、「ペットボトルが網を通さない」とわかりました。

まず、トマトの支柱をさす前に、すべての支柱にあらかじめペットボトルをかぶせます。さらに畑の外周部にも支柱を立て、それにヒモを結わえて畑の上に張ります（外周部にも）。その上にネットを滑らせながら全体（側面、天井）に張ります。最後に裾の部分をピンで留めて完成。

ペットボトルをすべての支柱にかぶせないと、ネットが引っかかります。支柱は細いもの（一六㎜）のほうがネットを張りやすいです。

現代農業二〇〇八年九月号

（写真提供・土志田和昌さん）

ネズミ・モグラになめられない

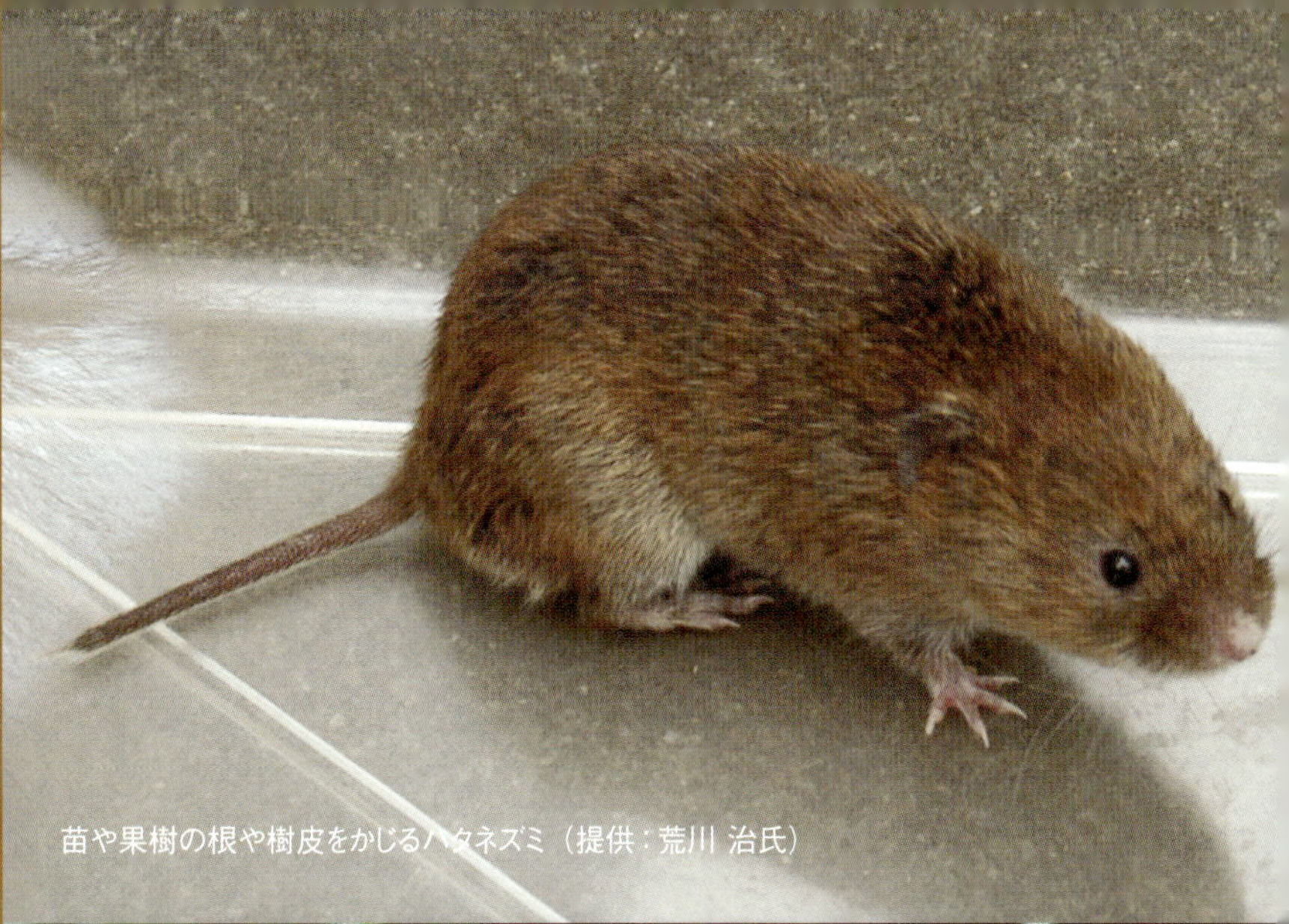

苗や果樹の根や樹皮をかじるハタネズミ（提供：荒川 治氏）

ワナにかかって御用になったモグラ（提供：井上雅央氏）

モグラが畑に掘ったトンネル（提供：井上雅央氏）

ネズミのひみつ

食べもの

- 苗、果樹の根や樹皮などをかじるのは、おもにハタネズミ
- イモ類やイチゴをかじるのは、おもにハツカネズミ

繁殖

- 繁殖力はとにかく旺盛。ハタネズミは出産直後に交尾し、授乳と同時に妊娠ができる。妊娠期間約21日で一度に平均で4匹出産。生まれた子も1ヵ月半ほどで交尾を始める

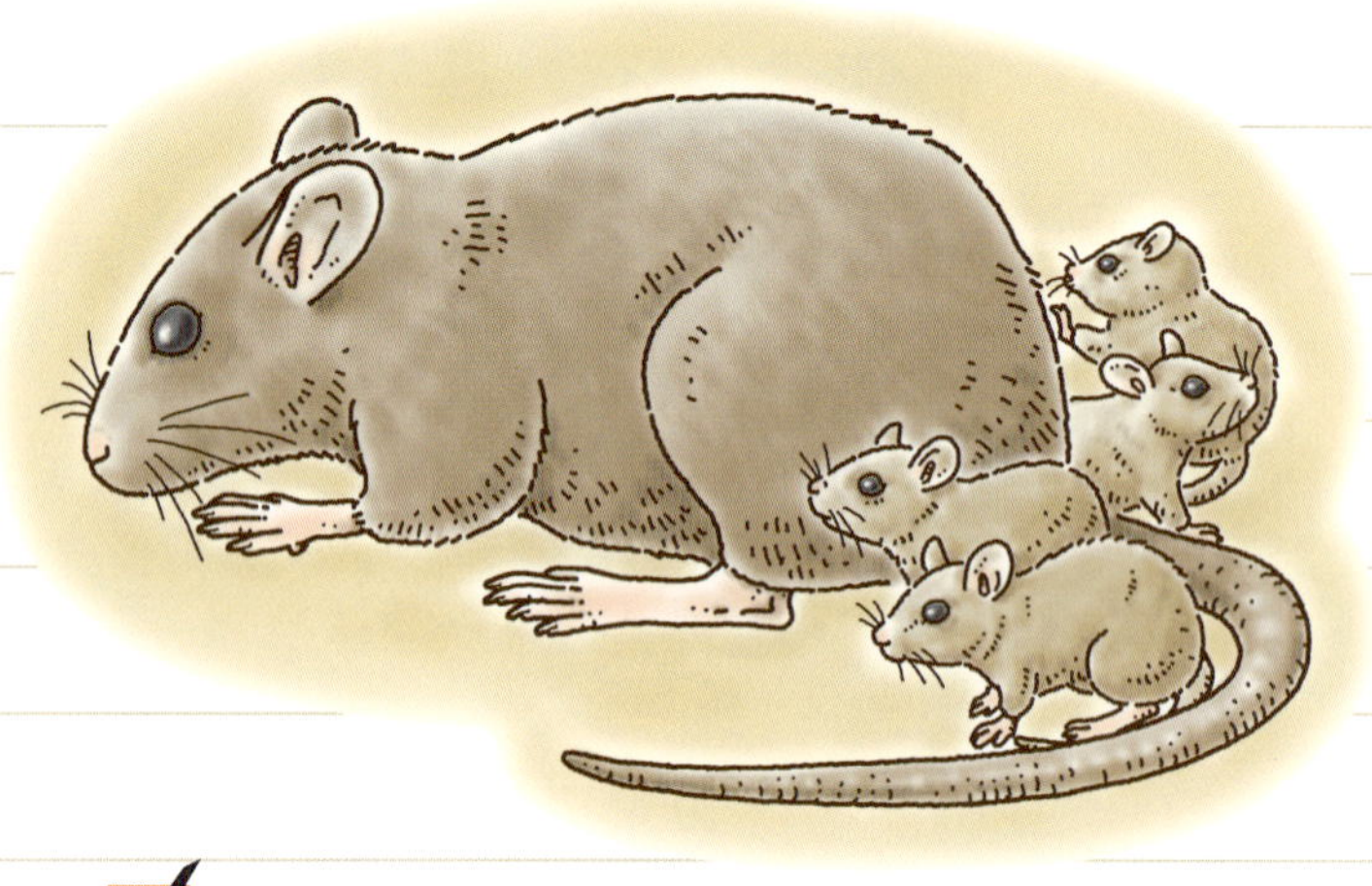

行動

- 巣をつくり、集団でなわばりを持っている
- 体の一部を壁際などにつけて移動するのが好きなので、モグラの穴をよく利用する。地表を移動する場合には、枯れ草の下や自分の背が隠れる草の下を選んで移動する
- 同じところを通るのが好き（通路が一定している）
- 夜間に活動する
- 1ヵ所で食べ続けず、あちこち食べ散らかすクセがある

水を張ったバケツに米ヌカ、カンタン落とし穴にネズミを誘い込む

長野県小谷村●Ｙ・Ｔさん

長野県小谷村の山間地でイネをつくるＹ・Ｔさん。自家用畑を荒らす野ネズミ対策に、お手製のワナを使っています。

やり方は簡単。ネズミの通り道（Ｔさんの場合は畑の端）にバケツを埋め、縁から一五cm下まで水を入れ、水面が見えなくなるくらい米ヌカを入れます。米ヌカのにおいで寄ってきたネズミは、土だと思って飛び込んだら最後、バケツの中で溺れてしまうというわけです。

ポイントは、バケツの水位を縁下一五cmにすること。バケツの壁面を登れないネズミは外に出られません。

現代農業二〇一六年八月号

リンゴの根元にスイセン混植ネズミを撃退

長野県長野市●大矢今朝喜さん

長野市のリンゴのわい化団地では、新植したリンゴの苗木の根がネズミにかじられて枯れてしまうことに、皆さん頭を抱えていました。

そんな中、同市に住むリンゴ農家の大矢今朝喜さんは、樹と一緒にスイセンを植えてネズミを撃退。被害はほとんどなくなったといいます。リンゴの樹の両脇にスイセンを植えるだけです。

「毒のあるスイセンを嫌って寄り付かなくなるのでは」と大矢さん。

五月、リンゴよりも一足早く咲くスイセンはとてもきれいで、気分も盛り上がるそうです。

現代農業二〇一六年八月号

ひとつで五匹捕れる！
塩ビパイプのネズミ捕り

福島県会津美里町●永井野果樹生産組合の皆さん

ひとつで五匹も捕れる!?

『現代農業』二〇〇九年十一月号の図解「知恵くらべ根くらべ」の記事が話題を呼んでいる。記事は「塩ビパイプでつくったネズミ捕りで、ひと冬にひとつで七匹くらい捕れる」という、ちょっとオドロキの内容だった。

ぜひ見てみようと、今年四月、福島県の会津美里町におじゃました。

記事の小島忠夫さんたちは永井野果樹生産組合の仲間。二〇年も前に、八人くらいで材料をまとめ買いしてこれをつくった。しばらく使ってなかったが、被害が増えてきた最近、また使い始めたのだという。

ひどいときは
30aで半分くらい
植え替えたことも
あるよ

塩ビパイプのネズミ捕りと、捕れたネズミ（矢印）を見せる星次男さん（写真はいずれも赤松富仁撮影）

この日は、仲間の星次男さんのネズミ捕りを取り出してみることに。結果はご覧のとおり、ひとつで五匹捕れているものがあり、合計三つで七匹捕れていた！

乾いたワラに寄りやすい!?

小島さんによると、仕掛ける時期はいつでもいいが、イネ刈りがすんで材料のワラがとれてから雪が降るまでの間がベスト。雪が解け始めた頃にパイプを取り出すと捕れていることが多いという。場所は苗木のそばと土手。人が動くとネズミは土手に逃げるみたいで、土手に近いほうに多めに仕掛けている。

さらに小島さん、ネズミはパイプがいちばんよく捕れると聞いたことがあるが、そこにワラをかぶせてビニールもかけるとなお寄りやすいという。ビニールだけではダメ、ワラが濡れていても入らないそう。乾いたワラに巣をつくるせいではないかという。

現代農業二〇一〇年十二月号

ネズミ捕りの入り口。塩ビパイプの上に乾いたワラをかぶせ、濡れないようにさらにビニール（肥料袋）をかけている。中に水を入れることで、落ちたら上がれないしくみ

星さんの畑では、おもに土手に仕掛けてある（矢印）。100mで3つくらい

ビニールとワラを取ったところ。ちょうどT字型パイプのヨコパイプだけが土の中から頭を出すように埋めてある

抜いて、タテパイプをはずせば捕れたかどうかが確認できる。このあと水を捨て、パイプを洗ってまた秋まで仕掛けておく

同じ仲間の大竹邦弘さんは、苗木のそばに古タイヤを置いてクスリで誘殺する方法も試している。草刈りのときにモアで乗り上げないよう棒を立てておく

粘着シートの簡単トラップで
ネズミ二七〇〇匹捕まえた！

青森県弘前市●清野耕司

冬から春に被害が増える

私は青森県弘前市で約一六haのリンゴを栽培する農業生産法人の後継者です。祖父の代からリンゴ栽培をしており、昔から大規模経営をする中でいろんな工夫をしてきました。その中で野ネズミ対策もとても重要な課題でした。

ネズミは夏や秋はほとんどその姿を見かけることはありません。夏場は自然のエサも豊富で、草むらの中で活動しているため、人目につかないのだと思います。一年を通してもっともネズミを目撃するのは雪が消えた直後の春先で、その時期にリンゴの被害も増えます。エサの少ない冬場は、ネズミは食料としてリンゴの樹の根元の皮や根をかじります。またネズミの前歯は発達し続けるため、伸びた前歯を削るためにも樹の皮をかじるともいわれています。

苗木は特に被害を受けやすく、かじられた部分が樹の周りを一周すると死んでしまいます。もしその状態の樹を発見したら、早期治療で治すことは可能です。食害部に泥や土を巻くと生き続けます。直径五cmくらいの細い苗木ならビニールテープでも可。

ただしこれは園地内にまだ残雪が残ってる時期でないと間に合わないといわれています。樹が水を上げるような時期になったら手遅れです。

粘着シートが一番効いた

近年このようなネズミの被害が増えてきていると感じていました。恐らくここ数年、降雪量が少なく、ネズミが活発で繁殖率も高まっているのではないかと思っています。当園でも去年からネズミが目立っていましたが、今年の雪解け時期を迎えると例年以上に巣穴や被害が見られ、これは何か手を打たないとヤバいなと思いました。

ネズミを駆除する方法は大きく三つあります。殺鼠剤で殺す方法、リンゴの樹にネズミ除けの薬を塗る方法、ワナを仕掛けて捕まえる方法。

殺鼠剤は私の畑では近年ネズミの食いつきが悪く、なかなか効かなくなってきました。ネズミ除けは一時的に追い払うことはできるのですが、死ぬわけではないので数は減らない。やはりワナを仕掛けるのが一番だと思いました。

ワナにもいろいろ種類がありますが、私は粘着シートを使いました。何年も前に当時所属していた農業青年クラブのプロジェクト活動で実験して、これが一番効果が高かったからです。

ネズミが物かげやリンゴの樹の下に巣をつくるという習性を利用して、あらかじめ園内には無数の廃タイヤを置き、わざとその下に巣をつくるように

筆者。リンゴを葉とらずで約16ha栽培

誘導しておきます。雪が解けた春先にタイヤを持ち上げると無数のネズミ穴があります。いつもはこの穴に殺鼠剤を入れたりしているのですが、今年の春は写真のようなワナを設置しました。

三日おきにチェック

一度設置したら三日後くらいにチェックします。もしネズミがくっついていたら、シートとリンゴを交換して引き続きその場所に設置します。一匹も捕まってなかったら、ワナを別の場所に移動させます。ネズミは水はけのよいところのほうが多い気がします。捕まえたネズミはシートごと燃やします。

当園では今年、このワナを約一五〇個設置しました。三月下旬から四月中旬までの三週間くらい、およそ三日おきに一つ一つのワナをチェックして、約一七〇〇匹のネズミを捕まえることができました。一ha当たり約一〇〇匹ですが、やればやるほど捕まえられたので、もっと設置すればもっと捕獲できたのではないかと思っています。

ワナはネズミの被害が増える冬になる前に設置したほうがいいのでしょうが、その時期は忙しく、コンテナが使用中で足りませんでした。コンテナをたくさん用意して、仕事の少ない真冬に雪を掘って設置できれば被害をもっと減らせるのではないかと思います。

ネズミは畑の管理不足や気象条件で増えるのかもしれません。どうしたら減らせるかを考え、実践することがこれからの課題です。

現代農業二〇一六年十二月号

ワナ設置の仕方

粘着シートは水に弱いので畑で使うときは別売りの雨よけケースが必要だが、コスト減のために、代わりにリンゴを入れる20kgコンテナを使用した。雨水が入らないように、出荷に使う業務用ラップでコンテナを覆う。設置する際もできるだけ雨の降らないときを選ぶ

ネズミ穴が今使われている穴かどうか見極め、ワナを設置する。新しい穴はたいてい入り口が湿っている。ネズミをおびき寄せるため、シートの上には4分の1カットした加工用リンゴを置く。今回は甘いにおいのする王林を使用

巣のあるところのタイヤを持ち上げワナを設置し、上にタイヤを重しとして載せる。地面の凸凹で1cm程度の隙間があればネズミは入ってくる

巣箱を設置して ネズミの天敵＝フクロウを呼び戻そう

青森県弘前市●石岡千景

巣箱の中で育つフクロウのヒナ

フクロウはひと家族で ネズミ一二〇〇匹を食べる！

弘前市の下湯口ふくろうの会は、畑でフクロウの繁殖を手助けしてネズミの被害を減らそうと、リンゴ農家を中心に二〇一四年に設立、現在二八人で、巣箱作りのワークショップや、巣箱観察会など活動を行なっている。

きっかけは二〇一三年、弘前大学の市民向けの公開講座で、東信行先生の発表を聴いたこと。フクロウのヒナ一羽は一日平均二匹のネズミを食べ、ヒナが二羽の場合一家族で一日八匹、ヒナが親元を離れるまでの五カ月で一二〇〇匹のネズミを食べると知って驚愕し、仲間と会を設立した。

フクロウは自分で巣づくりをせず、大きな木のほらなどを見つけて営巣する。巣の役割はもっぱら産卵用で、三〜五月しか巣には住まない。産む卵は少なくて一個、多くて六個の場合もある。エサとなるネズミが多いほうが、母親の健康状態がよくなって、多くの卵を産む傾向がある。

四月に孵化したヒナは、五月初旬に巣立つ。まだ飛べないので樹から降りて近くの雑木林などへ歩いていき、樹に登ってそこを隠れ家にする。八月頃になると、親のなわばりから離れ、自分のなわばりを探す。エサはネズミを好むが、虫や鳥、小動物を食べることもある。

フクロウの生態

春に子育てをするために巣を必要とする。冬から巣選びが始まるので、遅くとも積雪前までに巣箱を設置する

巣箱は雑木林の近く、雪が入らないように

かつて青森のリンゴ園には、樹齢が高い大きなマルバ台樹が多く、そのほらにフクロウがよく見られた。今はわい化樹の細い樹が多くなり、フクロウの巣となるほらが少なくなって、リンゴ園で増えることができないと聞く。

そこでふくろうの会では、リンゴ園に巣箱を設置して、フクロウの営巣の手伝いをしている。巣箱は単管などで作った土台かリンゴの樹に載せ、しっかり固定する。置く高さは二〜三mで、雪に埋もれなければよい。ヒナのときはイタチなどの天敵に狙われやすいため、土台にトタンを巻いたり、返しをつけたりするとよい。

親が巣箱を見守るためと、巣立ったヒナがすぐに隠れやすいように、巣箱の近くに木立などがあったほうがよい。入口の向きは、雨風や雪が入らない方向。フクロウのなわばりは巣の半径約二〇〇mなので、巣箱設置の間隔は最低四〇〇mおく。防除薬剤はヒナにかかっても問題ないといわれている。

ネズミの増え方が三分の一に

会では二〇一六年春までに五三個の巣箱を設置した。地域全体で合計三六のフクロウの卵が確認され、二四羽のヒナが巣立った。子育て中に巣箱をのぞくと、親がとってきたネズミが山盛りになっていることもある。

畑にワナを設置してネズミの数を調べたところ、フクロウが繁殖した園地では、ヒナが巣の中にいる一カ月だけでネズミの数が三分の一に激減した。

今後巣箱の設置数を増やし、津軽全土でネズミの被害を減らしたい。また、より営巣しやすいように巣箱を工夫していきたい。

現代農業二〇一六年十二月号

（発案：弘前大学東信行・岩手大学大学院連合ムラノ千恵）

材料はホームセンターなどに売っているスギの一枚板（厚さ1.2㎝）。合板だと雨に弱い。幅18㎝の板を波クギでつないで36㎝幅にする。材料費は約2000円。2時間ほどで製作できる

リンゴ園に巣箱を設置している様子

ネズミ対策にあの手、この手

ネズミが嫌がる石灰硫黄合剤
青森県弘前市●今泉忠生さん

噴霧器は背負うと重いので、
2輪のキャリーカートに載せて運んでいる

リンゴ農家の今泉さんは、フラン病予防で冬に散布する石灰硫黄合剤のにおいに、ネズミが嫌がる忌避効果があることに気がついた。石灰硫黄合剤54ℓを水500ℓに溶かし、展着剤（アビオン－E）1ℓを加えたものを、根雪前にリンゴの樹の高さ1mくらいまでの部分に噴霧すると、ネズミがほとんどやってこなくなる。

硫黄粉末でネズミが逃げ出す
青森県弘前市●成田演章さん

硫黄粉末

殺鼠剤でネズミの密度を減らしても、ネズミはまたどこからかやってくる。そこで成田さんは殺鼠剤と併用して、ブルーベリーの土壌改良剤としてよく使われる硫黄粉末を活用している。新しいネズミ穴を見つけたら、スプーン1杯くらい硫黄粉末を入れ、土でフタをするだけ。少しずつ分解してニオイが生じ、ネズミはそれを嫌がって逃げ出すそうだ。モグラなど、ほかの動物にも有効らしい。

ミルク缶トラップでネズミは這い上がれない
青森県平川市●工藤秀明さん

リンゴ農家の工藤さんは、赤ちゃんの粉ミルクの空き缶にリンゴの破片を入れて、畑に埋めておく。するとリンゴのにおいとミルクのにおいに釣られてか、ネズミが入って上がれなくなる。缶の高さは20㎝程度。ほうっておけばカラスなどの鳥が飛んできて、ネズミを食べてくれる。

現代農業2016年12月号

農薬ニュース
箱つき遅効性毒のトラップに効果あり

長野県山ノ内町●湯本将平さん

リンゴ農家の湯本さんは、M9自根苗の高密植栽培に取り組んでいるが、毎年若木を中心にネズミの被害を受けていた。とくに2年前は、植えたばかりの苗木が揃って被害を受け、ダメになってしまった。

樹に金網を巻きつけ保護しても、腐食したり草刈りで破損したところからネズミが侵入する。忌避剤は効果が短い。殺鼠剤を仕掛けてもなかなか効果が出ず、悩んでいた。

そこで去年メーカーと協力し、プラスチック製の箱と遅効性の毒を組み合わせた殺鼠剤の試験を実施。降雪前に畑に仕掛け、雪解け後にダメ押しで、生き残ったネズミの穴にトラップを移動させる。一般的な廃タイヤを使った方法よりも、軽いので移動させやすい。

湯本さんの畑ではこれによってネズミの被害が激減。今年は新しいネズミ穴がほとんど見当たらなくなった。

メーカーによると、ポイントは雪の下でいかに毒エサをネズミに食べさせられるか。廃タイヤだと雪から浸みた水でエサが湿り、ネズミの食いつきが悪くなるが、この方法ならそれを防げる。また即効性の毒だと、致死量に至らずに生き残った場合、ネズミはもう警戒して手をつけない。だが遅効性の毒なら症状が出るまで時間がかかり、学習されにくいそうだ。

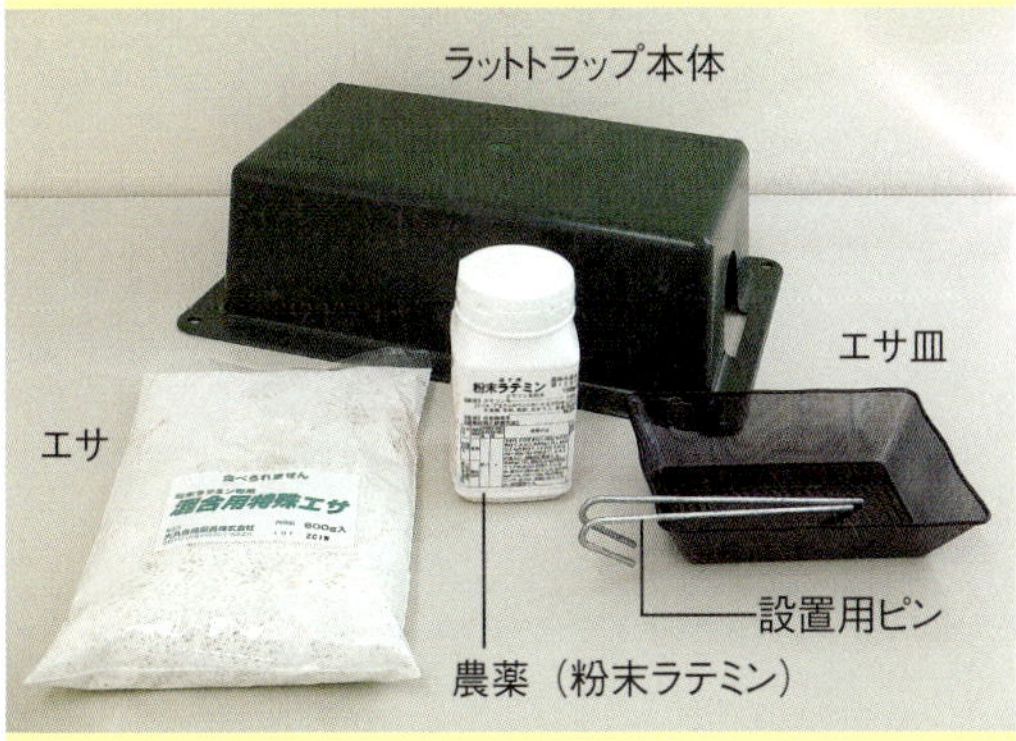
ラットトラップ本体
エサ皿
エサ
設置用ピン
農薬（粉末ラテミン）

湯本さんが使用した「ラットトラップ」。エサと農薬を混ぜてエサ皿に盛り、畑に置いて本体をかぶせ、ピンで固定する。お問い合わせは大丸合成薬品㈱（TEL026-278-2489）

手作りネズミ捕り器で驚くほど捕れた

青森県藤崎町●成田極見

木製ネズミ捕り器

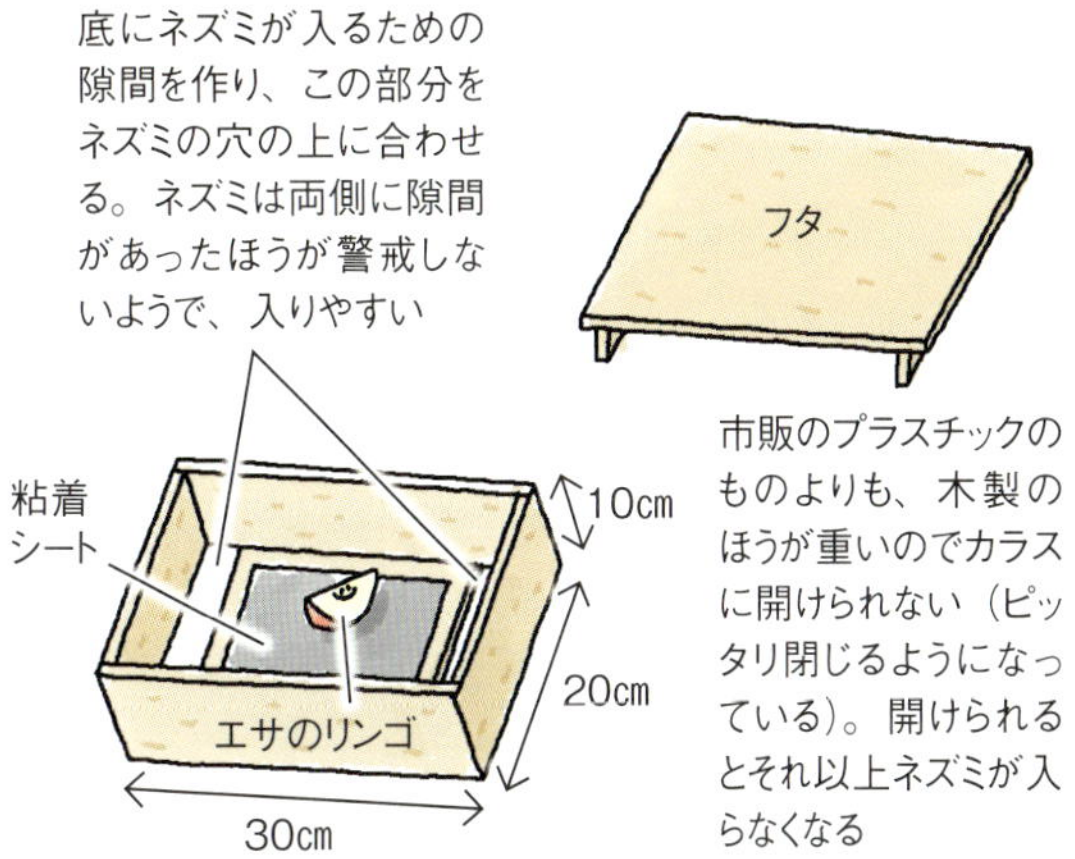
底にネズミが入るための隙間を作り、この部分をネズミの穴の上に合わせる。ネズミは両側に隙間があったほうが警戒しないようで、入りやすい
フタ
粘着シート
10cm
20cm
30cm
エサのリンゴ
市販のプラスチックのものよりも、木製のほうが重いのでカラスに開けられない（ピッタリ閉じるようになっている）。開けられるとそれ以上ネズミが入らなくなる

以前はジャーマンアイリスを1.2ha栽培していたが、今は個人用健康農園45aでアスナロやカキ、クリ、イチジクなどを育てる82歳である。どの樹もネズミによくかじられる。

現在使用しているこのネズミ捕り器。地元の青果市場が農家の知恵を集めて考案、販売しているものを、自分で要点をとらえて作ったものである。

材料はどんな粗末な板でもよい。ネズミ捕り用の粘着シートと、エサとしてリンゴを4分の1に切ったものを入れて、ネズミの穴の上に仕掛けておく。

自分が製作中に隣のおじいさんが来て、1台もっていって使用したところ、2日で7匹を捕獲したと驚いていた。自分は10台つくって2回ほど使用して、4反で約50匹捕れた。よく捕れたがその後、大失敗。捕れたネズミをすぐ捨てなかったので、ネズミが「この箱は危険物である」と学習したようである。近寄らなくなってしまった。

1回の使用は3日で切り上げ、10日ほど間隔をおいて使用し、捕獲したネズミは速やかに捨てるのがよいだろう。

モグラのひみつ

食べもの

- 大好物はミミズや昆虫の幼虫など
- 1日に体重の半分のエサを食べ、水をがぶ飲みする

繁殖

- 春に出産、3～6匹の子を産む
- 子は5～6月に親元を離れる
- 寿命は3～4年

行動

- スコップのような大きな手が外側に向き、平泳ぎをするように土を掻く
- 視力はほぼなく、地上に出てくることはあまりない
- 4時間おきに巣とエサ場を行き来し、寝たり食べたりを繰り返す

もう捕れすぎ！ うちのモグラトラップ

モグラもネズミも一網打尽
モグラ落とし

新潟県新潟市●中村 厳

モグラとの知恵比べ、負けるわけにはいかない。この雨樋の縦管で作ったモグラ落としは、ミミズのニオイに誘われたモグラが入って近づくと、前のめりでバケツの中に落ちるしくみだ。あまりにも獲れるので、今ではモグラが出るのを待ってるよ。モグラの通路を使うネズミまで落ちてた。

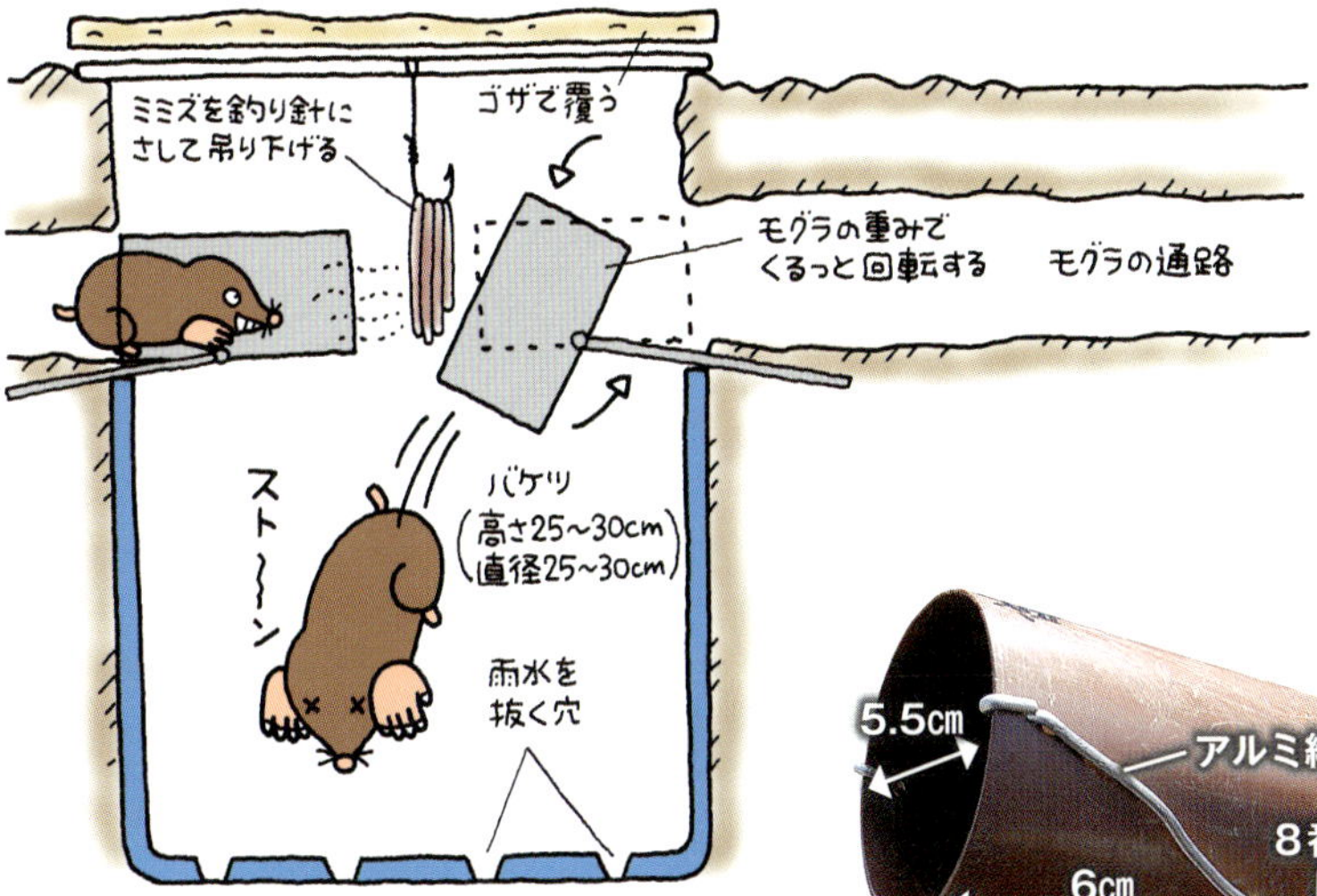

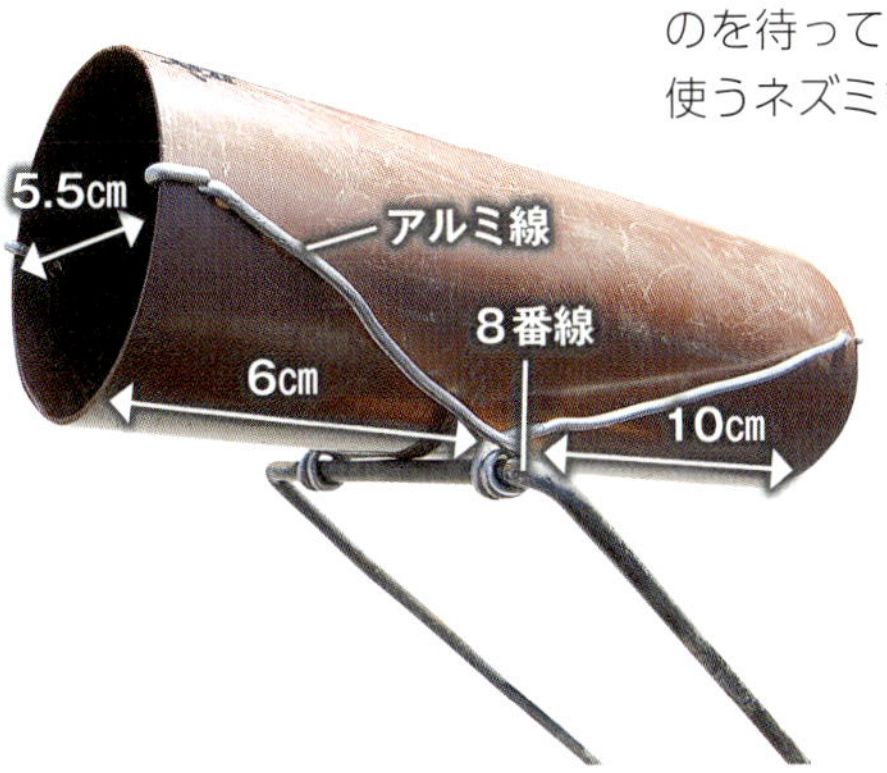

5本で年間50匹以上捕獲
塩ビパイプワナ

静岡県川根本町●小田文善

このワナは、地面にポッカリとあいているモグラ穴に図のように差しこむ。穴を掘って土の中の通り道に仕掛けたりはしない。ワナの出口側3分の1が地上に出ているほうがモグラがとれる。パイプに入ったら最後、入り口の弁が内側からは開かないので逃げられない。

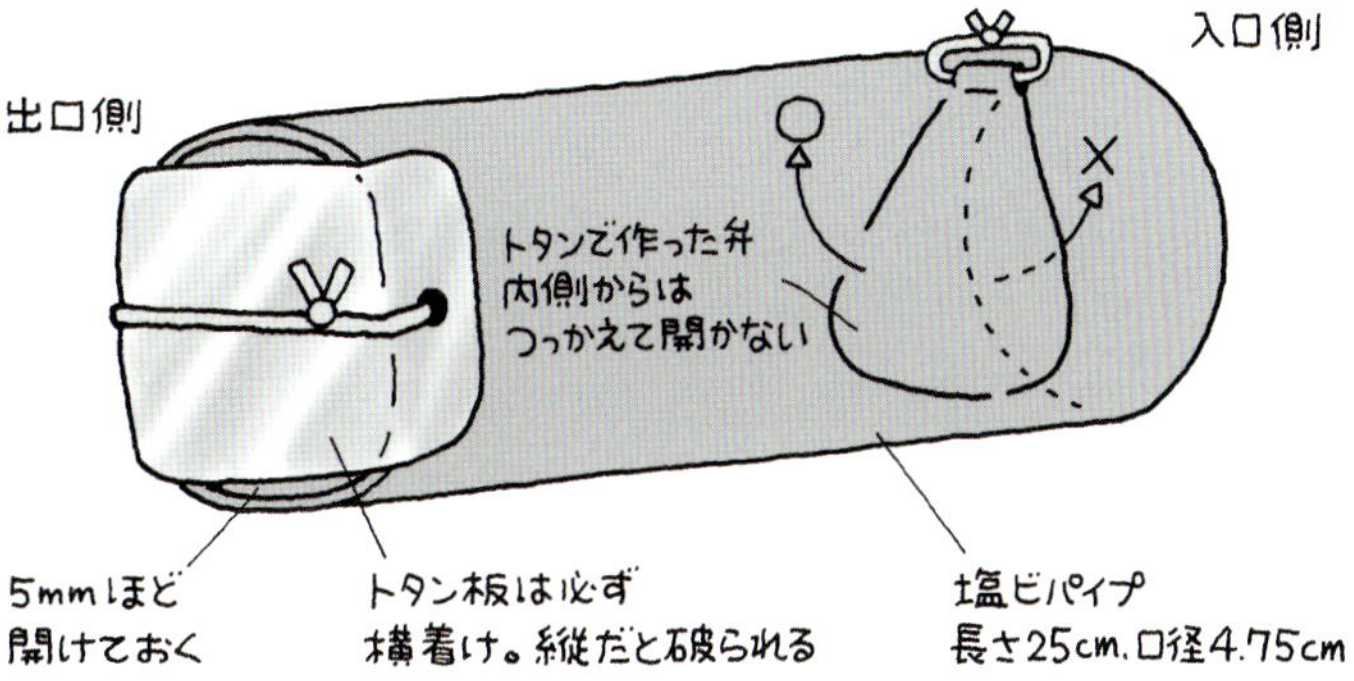

モグラ穴は道路側の斜面に多いが、畑をよく探せば他の場所でも見つかる。ワナは穴の角度に沿って軽く差しこめばいい。

現代農業2011年4月号

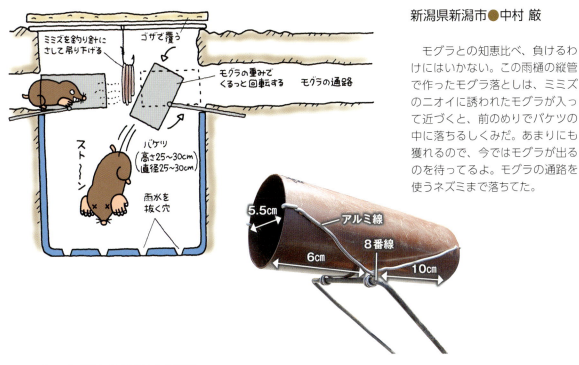

これであなたもモグラ捕り名人！

モグラの「本道」を板きれ数枚で見つける

近畿中国四国農業研究センター●井上雅央

忌避剤使用のタイミング

よく、モグラにニンジンやサツマイモをかじられたと言う人がいるが、犯人はモグラではなくネズミかコオロギ。モグラは肉食で、土中のミミズやコガネムシの幼虫などがエサ。モグラ被害は、彼らがエサをとるためにせっせとやってくれるトンネル工事が原因。

露地スイカを植え付けてキャップをとってみたら苗が生育しないで枯れていた。植えたばかりのハウスピーマンの幼苗が枯れたり生育しない……。被害を防ぐには、どんな対策をいつやるのかが重要だ。

圃場に土づくりの有機物を入れる→ミミズが増える→定植後、もっと有機物の多い苗の根鉢付近にミミズが寄ってくる→苗の直下にモグラのトンネル工事が集中し、苗の下が空洞になって枯れる。この流れを断ち切るタイミング。つまり、湛水や耕耘作業で圃場のモグラが逃げ出した直後、間髪を入れずに圃場まわりに溝を切って忌避剤（ネマモール）処理。これで二カ月くらいは効果が続き、初期生育時の被害が回避できる。

撃退機は何カ所？

とはいっても、果樹などの永年作物や、年中作物のある家庭菜園では、この忌避剤のタイミングは通用しない。面積が広かったり、急傾斜の山などでは処理すらも困難だ。こんなときには振動や電子音などを出す撃退機で撃退するか、捕殺するしかない。

だが「撃退機を買おうと思うけど、一〇aで何カ所くらい設置したらええんや？」と聞かれて答えが出ない。さっそく試してみた。

▼まずは板きれで本道を見つける

撃退機を効果的に使うため、まずはモグラの「本道」を見つけたい。

モグラはけっこう浅いところにトンネルを掘る。板きれを地表に置くと、板きれの下にトンネルができる。板を持ち上げると、トンネルが直接見える（右下の写真）。

まずは果樹園に縦五m間隔、横四m間隔で板を並べて数日置いてみた（右上の写真）。すると、下にトンネルができる板とできない板がある。トンネ

上：果樹園に設置したモグラ観察用の板きれ
下：板きれの下にできたモグラのトンネル

ルができた板を記録した上で、手鍬などでそのトンネルをつぶしてならし、再度板を戻す。また数日後に見ると、トンネルが復旧している板と復旧しない板がある。

これを何回か繰り返して、毎回復旧するトンネルが本道らしきものとみてよい。そこに撃退機を設置して、板の下のトンネルが復旧しなくなれば、撃退機の有効範囲も見当がつきそうだ。

▼どの撃退機も効果がなかった

風車やモーターで振動させるタイプ、円筒や角柱型で電子音を流すタイプ、爆音、パイプの打撃音を発生させるタイプ……撃退機をいろいろ試したが、すべて翌日から数日以内に、撃退機を仕掛けた板のなかで見事にトンネルが復旧された。モグラたちはまったく気にするふうもなく、撃退機が道を邪魔すればすぐ近くに新しいトンネルを掘削していた。

この試験結果だけを見ると、どの器械にも「本道に設置してください」と書いてあるのは、「効かない」というクレームが来たときに「それは設置の仕方が悪かったから」と言い訳するためのように思えてくる。

モグラを確実に仕留めるやり方

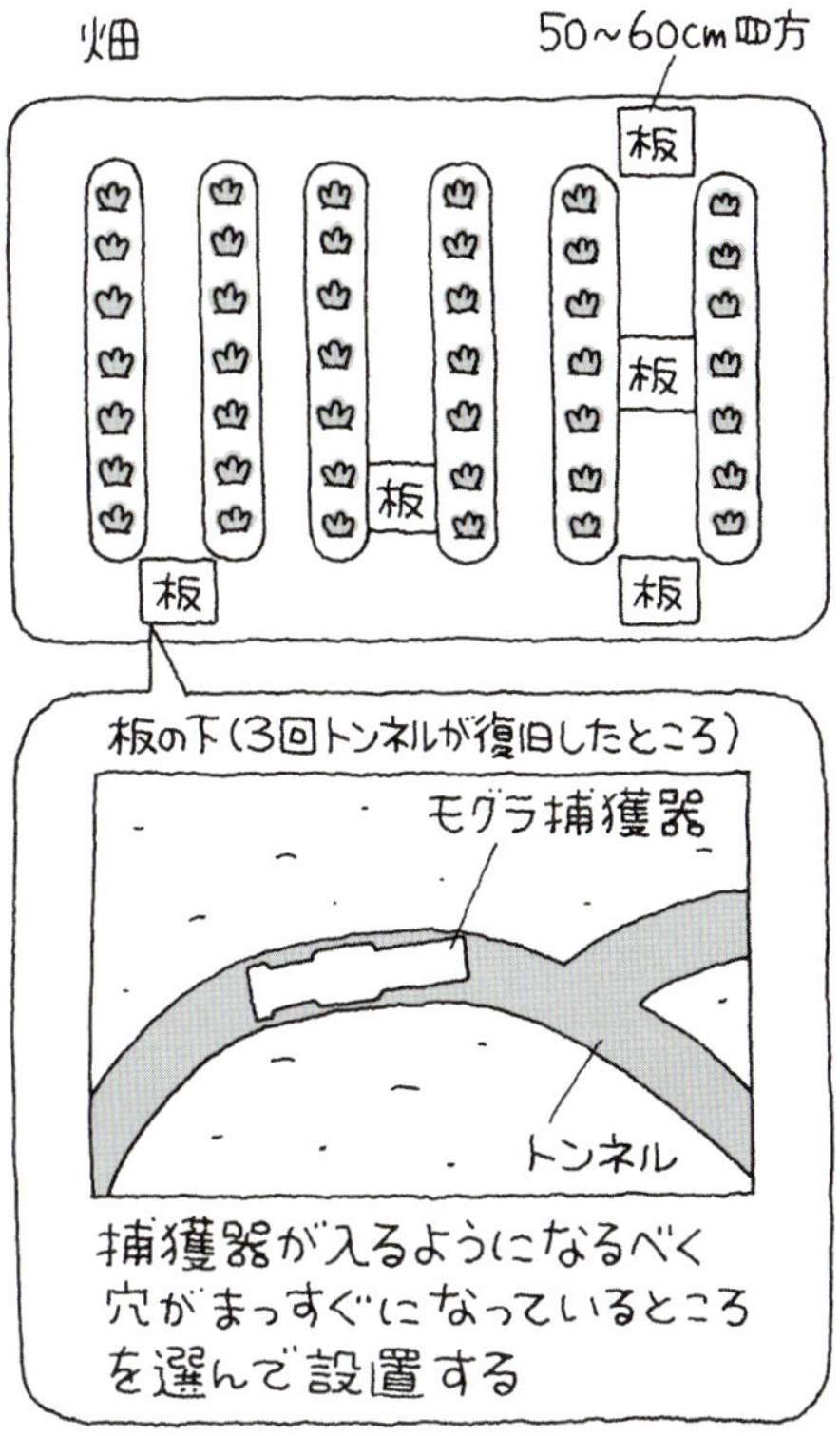

①畑を歩いて、足裏がボコボコする場所（モグラの穴の上）を見つけ、ボコボコをつぶして50～60cm四方の板きれをかぶせる

②数日～1週間後、板を持ち上げて中にトンネルができていたら、トンネルをつぶしてならし、板をかぶせる

③②を繰り返して3回つぶしても復旧した板の下のトンネルに捕獲器を設置。今度はトンネルをつぶさずに板をかぶせておく

※どの板の下のトンネルも復旧しなかった場合は、板を置く場所を変えてみる。そのうち必ず復旧する所が見つかる

※トンネルが枝分かれしている場合は、両方に捕獲器を仕掛けると成功率アップ

「撃退」よりも「捕獲」しちゃえ

どうやら、圃場に侵入して暴れ回るモグラ君を黙らせるには、捕獲が一番確実なようだ。どこの集落にも、モグラ捕りの名人がいる。しかし、名人しかモグラ対策ができないのでは、普通の人はあきらめるしかない。

だが、板きれを使えば、神様でなくとも本道らしきものは発見できる。さっそく一五aばかりの自家用菜園を歩いてみて、足裏がボコボコする所を選んで五枚の板を置いてみた（図）。三回トンネルつぶしをやって、毎回復旧した板の下のトンネルに筒型の簡易捕獲器（タイガー製「モグラ一番」）を設置してみたら、一発で捕獲できた。あせってトンネルつぶしをやらずに、初めてできたトンネルにいきなり仕掛けたほうにはかかっていない。

今回はコンパネを三つに切った九〇cm×六〇cmの板を使用したが、一辺が五〇～六〇cmの板きれであれば何でもよさそうだ。できたトンネルの直径が捕獲器よりも大きい場合でも、そのトンネルにしっかりと押さえつけるように置けばよい。

現代農業二〇〇九年九月号

モグラがやる気をなくす畑の作り方

鳥取県江府町●田邊利裕

筆者の自給畑。モグラよけの波型アゼシートでイチゴのウネ全体を囲っている

モグラとの出会いは小学生のころでしょうか。生きているモグラの丸々として艶やかな毛皮、手に伝わる体の温もり、赤ちゃんの手にトカゲがプラスされたような手……憎めない姿をしているものです。

あれから時が過ぎ、畑で野菜をつくるようになり、やがてモグラに悩まされるようになりました。畑のウネ全部にモグラの道ができてしまい、やむをえず対決を余儀なくされました。ここでは「モグラがやる気をなくす畑」にする私のやり方を紹介します。

アゼからウネまでは１ｍ以上あける

まず、私はウネを作るとき、畑の縁（アゼ）からウネまで一ｍ以上の間隔をとります。アゼはモグラの本道がよくできる場所ですが、ここからウネまで十分な距離を置くことで、モグラの侵入意欲をなくし苦労させる狙いです。また、侵入したときも通路が広ければモグラの通り道（地面の盛り上がり）を発見しやすいという利点もあります。

波型アゼシートで ウネと通路を遮断

観察していると、モグラが日常的に侵入しているウネや侵入口（いわゆる本道）と

波型アゼシートの埋め込み方

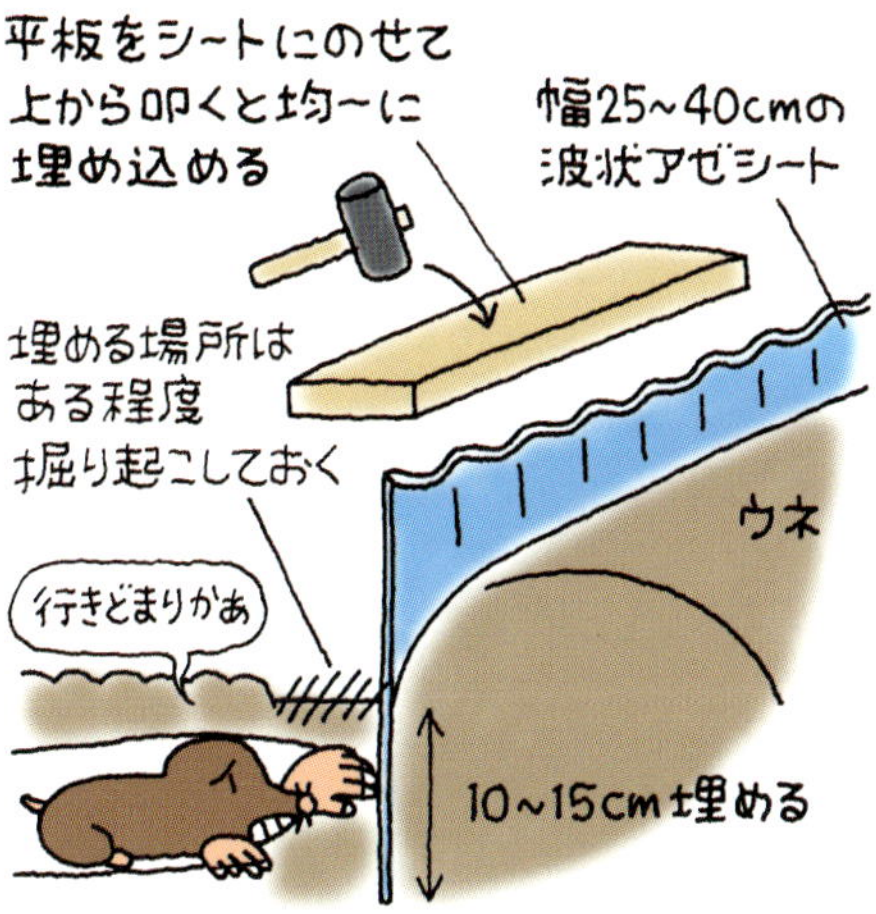

モグラは地表浅いところに穴を掘るので、アゼシートを10cm以上埋めればかなり侵入を防げる（でも気に入った本道の場合はさらに下に掘り下げて進むこともあるので完璧ではない）

モグラの侵入を防ぐ波型アゼシートの張り方

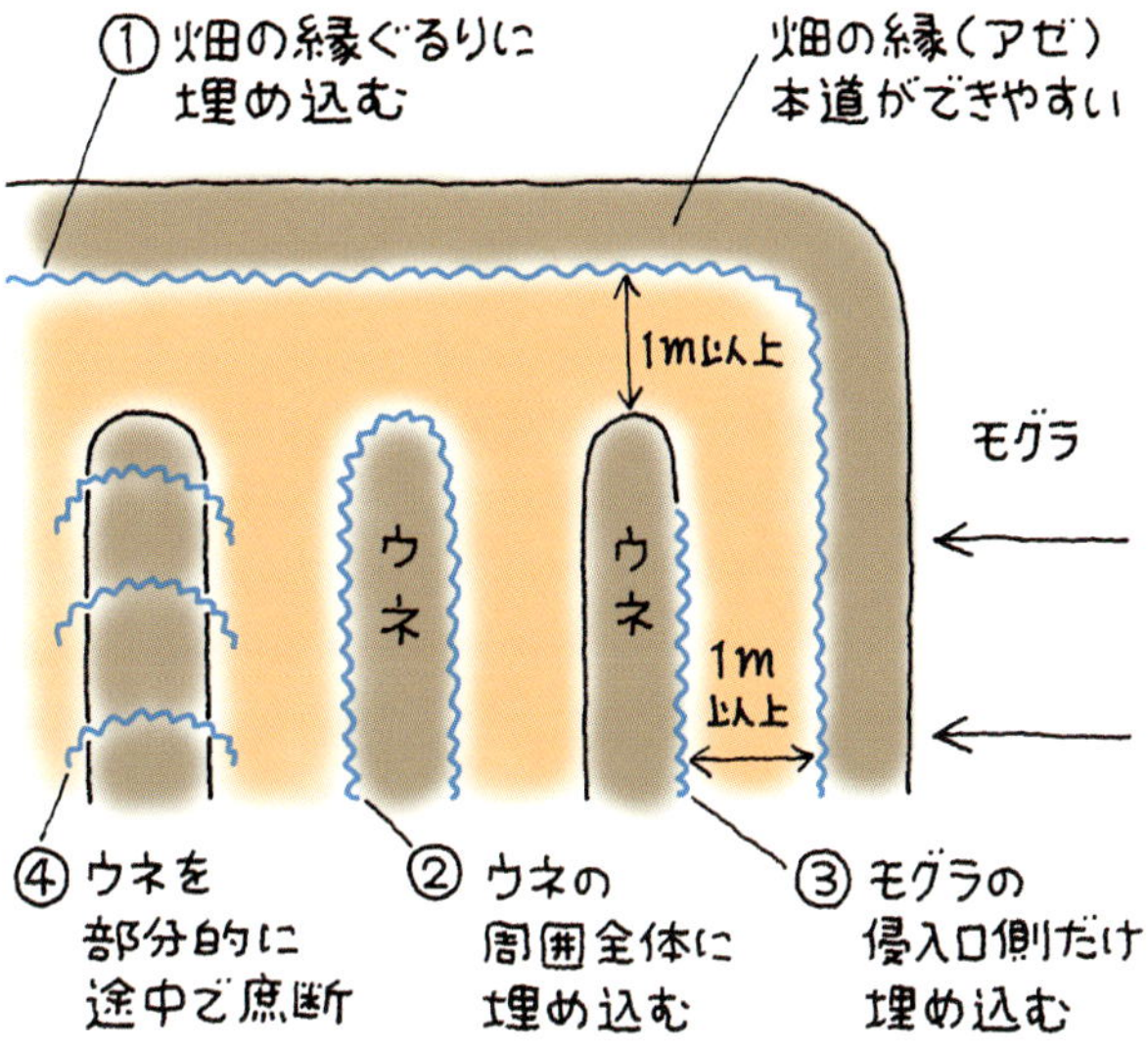

①〜④のどれかを設置。組み合わせると効果大。畑の面積が広い場合は、モグラの侵入口側のアゼ際だけ、またはウネ際だけ埋め込んでも効果はある

いったものが見えてきます。私はそういう場所に波型アゼシートを埋め込み、モグラの道とウネを遮断します。

絶対に入ってほしくない場所、たとえばタネをまいたばかりのウネ、若苗を定植したばかりのウネなどは、ウネ全体をシートでぐるりと囲います。手間ですが、これでたいていの場合は被害が防げます。

モグラの通路に嫌がらせ作戦

モグラは気に入った畑には執念深くやってきます。しかしこちらも負けずに嫌がらせを続けると、それなりの効果があります。たとえば、

①通路や畑内にモコモコができたらすぐ踏みつぶす
②侵入口になるアゼや通路を機械で硬く踏みしめる
③本道の穴の中にロケット花火や爆竹を仕掛ける

などです。しかしなんといっても攻撃は最大の防御。モグラは行動範囲が広いので、執念深いモグラを一匹捕獲するだけで、ピタッと畑の被害が止むことは多いのです。私は暇をみては、つぶした本道を盛り上げながら進むモグラを勢いよく踏みつけ、道具を使わず仕留めています。

現代農業二〇一一年四月号

ハクビシン・アライグマ・ヌートリアになめられない

写真はすべて古谷益朗氏提供

ハクビシンのひみつ

食べもの

- 果実や甘い農作物を好む傾向が強い。しかしカエルやサンショウウオ、昆虫類、小型の哺乳類、鳥類など何でも食べる
- ブドウはとくに好き。棚の上からぶら下がって袋をかみ破り、ひとつずつ食べて皮を吐き出す

（写真提供：新井一仁）

繁殖

- 特定の繁殖期を持たず、1年を通じて子を産む
- 妊娠期間は約60日。1回平均4頭産む

行動

- 雨樋や針金1本でも登ったり渡ったりできるほど木登り上手。柱などは器用に爪を立てて登るため、ネコが爪とぎしたような爪痕が残る
- ジャンプ力も1mくらいある
- 夜行性
- 木の洞や人家の屋根裏など1頭が複数の寝屋を持ち、日々場所を変える
- 移動は川沿いが多い

ハクビシンは、ここからハウスへ侵入する

埼玉県農林総合研究センター●古谷益朗

ハウスに侵入したハクビシン

日没後と夜明け前に行動

ハクビシンは東南アジアに広く分布するジャコウネコ科の動物です。夜間に活動し優れた運動能力により様々な農作物に大きな被害を与えます。日本にはもともといなかった動物ですが、現在はほぼ全国に広がっています。

ハクビシンは夜行性で、昼間は建物の天井裏や樹洞、伐採木の下などで休息しています。一つの個体が複数の休息場所を持っていて、季節やエサによって利用場所を転々としながら生活をしています。

繁殖は年間を通じて行なわれ、タヌキやキツネなどの在来中型動物のような特定の繁殖時期はありません。出産場所は休息場として利用している建物内を使用することが多く、子育てもほぼ同じ場所で行ないます。産子数は一～四頭で数カ月にわたって親が面倒を見るようです。

夜間の行動は日没から始まるので活動時間は季節により変化します。活発に活動する時間帯は二回あり、日没から数時間と夜明け前の数時間です。

通常の行動範囲は雄が五〇～一〇〇ha、雌が三〇～七〇haで、雄のほうが若干広いようです。

雨樋も登れ、電線も渡る

ハクビシンは河川や用水路、側溝等の水際を使って移動します。市街地では網のように張られた電線を移動手段としていますが、農作物被害の現場では水際がおもな移動経路と考えてよいでしょう。被害も水際から発生しやすいです。

ハクビシンはもともと樹洞などを生活の場所としていたため、樹上生活が得意です。登る能力に優れ、垂直な雨樋などの爪がかからないものでも簡単に登ってしまいます。これは、足裏のパッド（肉球）を巧みに利用し、左右の足で挟みながら登るという、他の動物ではあまり見られない独特の能力をもっているからです。また、バランス感覚にも非常に優れていて、一㎜以下の細い針金の上やたるんだロープの上も歩くことができます。針金を歩けるくらいなので電線などは軽々と渡ってしまうため、ハウスや家屋への侵入経路として電線は要注意です。

ハクビシンはこんなところからハウスに侵入する

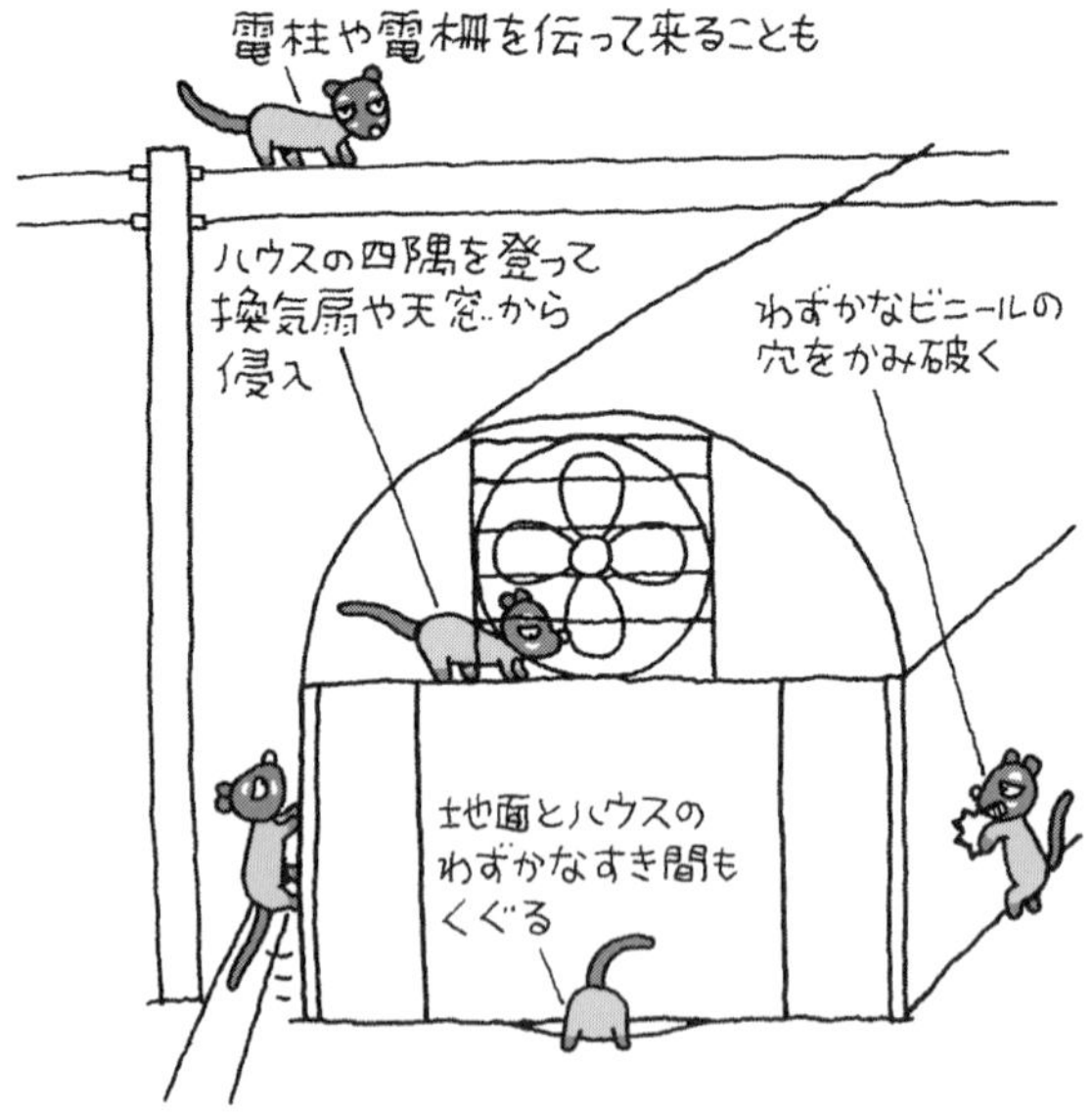

ハクビシンに食い破られたビニール

ハウスへの侵入経路は四パターン

ハクビシンは甘いものが大好き。なかでもイチゴをもっとも好みます。甘い香りに誘われたハクビシンはハウス内への侵入意欲が高まります。ハウスへの侵入は大きく分けて四パターンです。

パターン1●地面のすき間から

もっとも多いのがすき間からの侵入です。ハクビシンの頭骨の高さは六㎝以下です。人の感覚では考えられないような小さな隙間からでも侵入されてしまいます。とくにハウスの出入り口は人や機械が頻繁に出入りするため、地面とドアの間にすき間ができていることがあります。六㎝を目安にすき間ができてないか点検することが大切です。

パターン2●ビニールを破く

次はビニールを破いての侵入です。ビニールが噛める状態であるかがポイントになります。たるみがあったり、小さな穴がある場合はそこから広げられます。ピンと張られていれば破かれるケースは少なくなります。

パターン3●天窓や換気扇から

ハウスを登って天窓や換気扇からも侵入します。前述したとおり、ハクビシンは登ることが得意です。すき間がなく破けそうなたるみや穴がない場合は四隅の角を登ってすき間を探します。

パターン4●電線を伝って

そんなに頻繁にはありませんが、電線を伝っての侵入はやっかいです。ハウス周りは完璧な対策をしたのに侵入が止まらない場合は近くに電柱・電線がないか見てください。一㎜以下の針金を渡れる動物ですから電線を渡るのは楽々です。電柱を登らせない工夫が必要です。しかし、電線は網の目のようにつながっているので対策は容易ではありません。現在各地で対策を研究中です。

ハクビシンは個体によって行動パターンが異なります。ビニールを破くのが得意な個体、隙間を見つけるのが得意な個体……自分のハウスに来るハクビシンの行動の特徴を読んで、そこから対策をすることが被害防止の近道です。

電気柵の高さは一〇cm

ハウスへの侵入を防止するためには電気柵を利用することが効果的です。ハクビシンは目線が低いので、露地の畑や果樹園なら、地上から五cmに一段目を張らないと効果はありません（合計二段必要）。このため、草による漏電にいつも注意をすることが必要です。

しかし、ハウス周りに張るときは一〇cm程度まで上げて設置しても大丈夫です。ハウス自体が前方の障害物になるので、ハクビシンはハウスの手前まで来ると立ち止まり、うろうろキョロキョロしだします。そうしている間に電気柵で感電しやすいのです（図）。

張り方は簡単で、ハウスから一〇～一五cm離した場所に二m間隔で支柱を立て、地上から一〇cmの高さに電線を張るだけです。電線は一段でも効果は十分です。

注意する点は地面が低いところには支柱を増やして高さを保つことです。とくに四隅と出入り口付近は狙われやすいので電線の下をくぐられないように注意して設置してください。

なお、この張り方を導入する場合は「設置した日からスイッチを入れる」ことを基本とします。張っておいて時期が来たらスイッチを入れるというやり方では効果が著しく低下します。慣れる前に痛みを教えることが重要です。

くぼ地は電柱の支柱を増やす

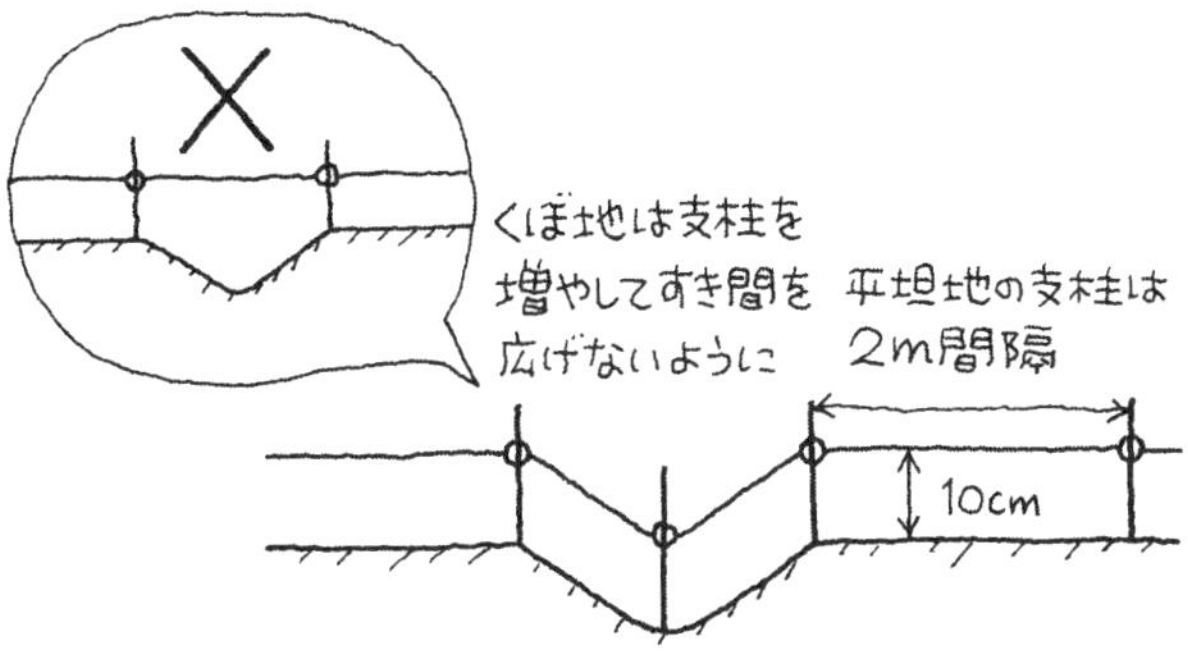

ハウス周りなら電柵の高さは10cmでいい

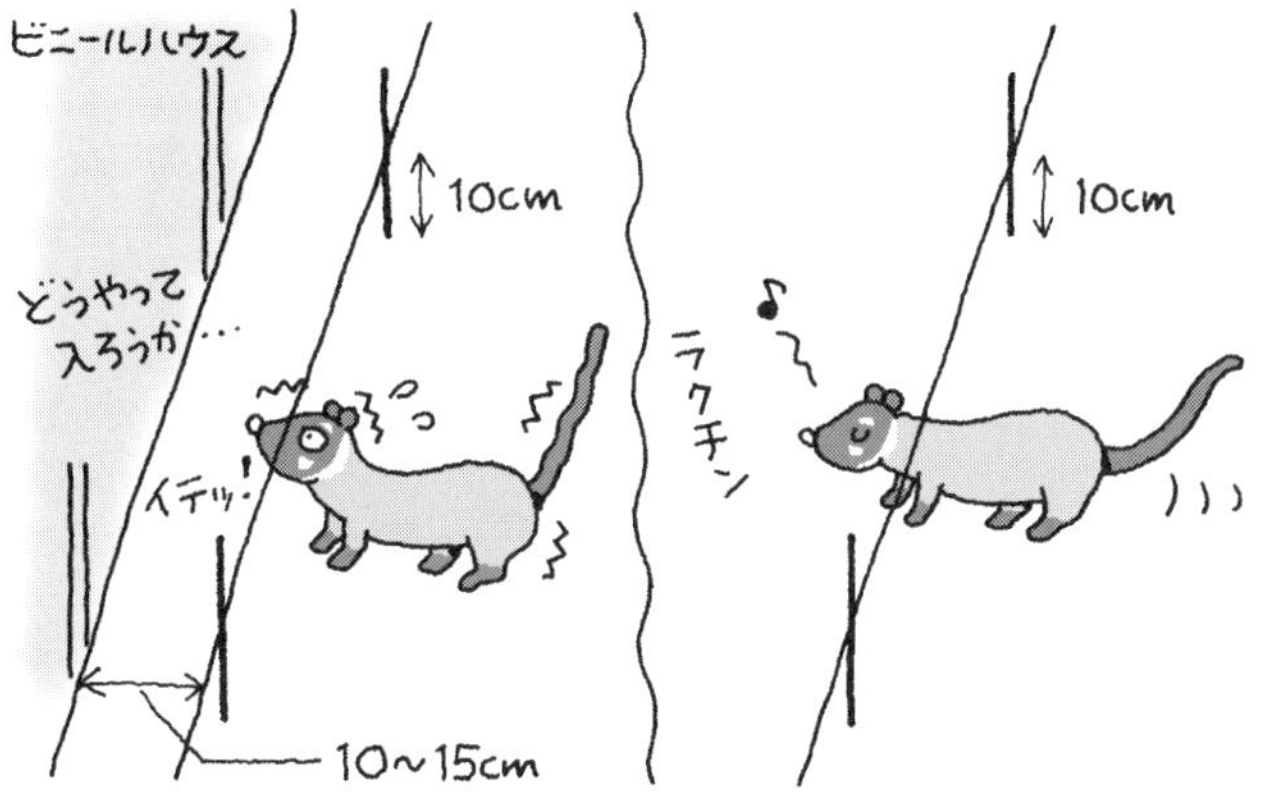

電柵のすぐ先にハウスの壁があると、立ち止まってウロウロするので高さ10cmでも感電しやすい

前方に何もなければ高さ10cmの電柵は難なく通り抜ける

サイドの巻き上げ機はハウス侵入の足がかりになるので、周囲を電柵で囲む

運動能力が高いハクビシンであっても、侵入パターンや行動を利用することによって簡易な方法で被害を防ぐことができます。「食べさせない」「住まわせない」を地域ぐるみで実施して、ハクビシンにとって魅力のない場所にすることが重要です。農作物を守って「食べさせない」を進めながら、ねぐらとなる建物等への侵入口をふさぐ、追い出すなど「住まわせない」対策も進めていく必要があります。

現代農業二〇一〇年九月号

一夜にして100房のブドウが食べられた
（富岡地区農業指導センター提供、以下*も）

ああ、これでブドウが続けられる
ハクビシンを防いだ地上八㎝の電気柵

群馬県富岡市●高橋宗一郎さん

一夜にして大惨事 もう農業は続けられない…

高橋宗一郎さんのブドウ園は傾斜のきつい山際にある。作業はしづらくても粘土質で、昔から最高に甘いブドウがとれる地区である。

以前から巨峰と藤稔をつくっていた三〇aの園で、外に近いところのブドウがポチポチと食べられる被害があった。「カラスだろうか」と、棚上やサイドに防鳥ネットを張るのだが、どこやらすき間があるのか、毎年一〇房ほど食べられていた。さほどは気にならなかったのだが、五年前の八月、とんでもない事態が発生した。

一夜にして収穫前のブドウ一〇〇房以上が、袋をメタメタに破られ食い荒らされたのである。その後も何日かやられて、爆発的な被害になった。

「こんなんではブドウづくりはできない。もうやめるしかない……」

カラスではなく ハクビシンだった！

同じ年に、富岡市内のイチゴやリンゴでも大きな被害が発生していた。高橋さんは普及センターが企画した講習会に参加し、講師で招かれていた、埼玉県の古谷益朗さんに被害現場を見てもらったところ、

「ほとんどハクビシンですね」

袋が縦に破かれ、切られた紙が垂れているのは、ハクビシンの特徴だという。

ハクビシンは地面とネットの隙間から潜り込んで侵入するか、支柱などを伝って上から侵入するらしい。富岡の普及センターがハクビシン対策に勧めていたのが、地上八㎝という低い位置

に張る電気柵である。しかし電気柵の弱点は下から伸びてきた雑草が電線に触れると漏電し、流れる電流が弱くなり入られる場合があるということだ。だからといって除草剤で徹底的に裸地にしてしまっては、傾斜地は土が崩れやすくなる。そこで普及センターが考案したのは、防草シート（電気を通すタイプ）を敷いた上に電気柵を張るという方法である。

地上八㎝の電気柵が大成功

被害の翌年、高橋さんは補助金（県の小規模土地改良事業で二分の一補助）を利用して電気柵を導入（総延長四〇〇m、防草シートも含めて一五万円くらい）。支柱はグラスファイバー製の弾性ポール（「ダンポール」）を短く切ったもの、電線は下から八㎝、一八㎝の二段張り。さらに急傾斜地では高さ三〇㎝に三段目も張った。

防草シートと弾性ポールで斜面に設置した電気柵。
一番下の電線は地上8㎝以下（*）

大被害の後ということで高橋さんは、「どれほど効果があるのか」と半分疑っていたのだが、結局その年の被害はほぼゼロ。「ああ、これでブドウが続けられる」と高橋さんはホッとした。

二房ほど被害が出たが、それはつる性の草が伸びて電線に触れ漏電したからだとわかった。防草シートがあっても、放っておけば簡単に漏電してしまうのだ。以来高橋さんは、週に一回、園の周りを見回ることで、草の伸び具合や電線の状態を把握するようになった。

現在は他のブドウ園にもすべて設置。もちろん被害はゼロ。もはや「電気柵様」に足を向けては寝られない高橋さんなのだ。

現代農業二〇一一年四月号

特技「登る」を逆手にとる
ハクビシン・アライグマに「白落くん」

埼玉県農林総合研究センター●古谷益朗

登るのなら登らせてやれ

ハクビシンとアライグマは近年急速に生息域を広げています。埼玉県での被害は中山間地域を中心に、ハクビシンが七年くらい前から、アライグマが三年くらい前から目立つようになりました。現在は県中央部の丘陵地帯をはじめ、広い範囲で生息が確認されています。

甘いものが好物で、ブドウやナシをはじめとする果樹の被害は深刻です。

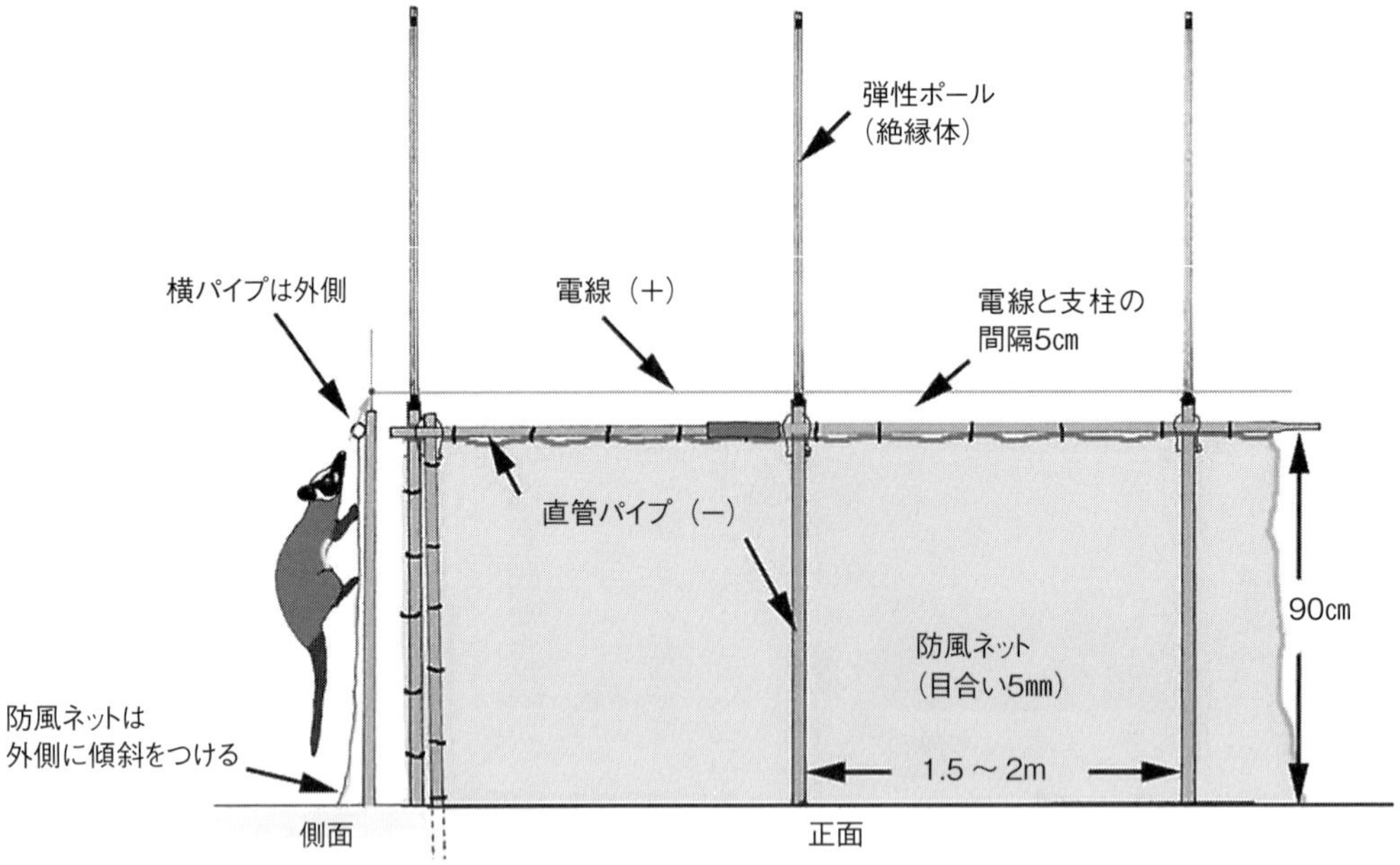

「白落くん」の構造

さらに、イチゴやトウモロコシ、スイカなどの果菜類にも被害は広がっています。被害対策はいろいろと試されてきましたが、木登りや隙間に入り込むことが得意なため、思うように進んでいないのが現状です。

獣害対策は、その動物の得意な行動を利用することがもっとも効果的です。ハクビシンとアライグマは「登る」という特技を持っています。この行動を逆手にとって「登るのなら登らせてやれ」という考え方から生まれたのが被害防止柵「白落くん」です。

電気ショックで追い払う

電気柵は地面から等間隔で数本のワイヤーを張る方法が主流です。ハクビシンとアライグマは頭を低くして歩行するので、この方法では地上部から五cmの高さに張らなければ効果がありません。この高さに電気柵を張ると、漏電を防ぐための除草に相当の労力を要します。また、地面が平らでないところでは、間隔の広い部分から潜られないような設置対策も必要となります。

「白落くん」は直管パイプと防風ネットによって障害物を作り、登って進入するハクビシンやアライグマを電気ショックによって追い払うシステムです。電気を通すワイヤーは直管パイプで組んだ柵の上部に設置するので、草が多い場所でも漏電の心配がなく、斜面地などの平らでない場所でも設置が可能であり、大きな効果が期待できます。

電気柵は常設しない

「白落くん」は登らせることが重要です。いくら登ることが得意な動物でも障害物にすき間があったら潜って進入します。障害物となる防風ネットは潜られないように裾を必ず埋めることが重要です。

「白落くん」は乾電池式のパワーユニットを使用しています。ACと比較すると、さまざまな条件下で電圧と安定感は劣りますが、安価で簡単に設置でき、移動も簡単であるというメリットは大きいと考えます。

被害対策は動物の慣れとの戦いでもあります。電気柵も常に設置しておくのではなく、必要なときに必要な場所に設置するという考え方が効果や技術を長持ちさせると考えます。

現代農業二〇〇八年九月号

富岡式簡易電気柵

ハクビシンやアライグマなどの小動物向け。

●特徴

・電線は地上から8㎝、18㎝の2段張りか、傾斜地や段差部は3段張り
・防草シートを組み合わせることで、漏電防止の除草作業がラクになるうえ、除草剤を使うと崩れる恐れのある傾斜地などでも設置が可能
・設置費用が安くて、設置作業も簡単

●設置

防草シートは電気を通す素材で60㎝幅のものを使う。弾性ポールを50～60㎝の長さに切って支柱に使う（※）。弾性ポールは電気を通さないので、よく使われるガイシ（電線を支柱にとめる絶縁体）は不要。安い金属製のフックを高さ8㎝と18㎝につけて電線を通す。

必ず設置当日から通電する。作物収穫後に片付けて、通電しないまま放置しない。

（参考資料：群馬県農政部技術支援課作成「富岡式簡易電気柵設置マニュアル」）
※弾性ポールを短く切って使う場合、切り口から出るグラスファイバーで手などをケガする危険がある。取り扱いにはご注意を。

イチゴハウス周りの電気柵設置作業。ハクビシンは目の前に障害物があると体を起こしてキョロキョロする習性がある。なるべくハウスの近くに電線を張ると、くぐる前にキョロキョロして鼻を電線にぶつけやすくなる（富岡地区農業指導センター提供）

現代農業2011年4月号

滑って逃げられない 塩ビパイプでハクビシンを捕る

静岡県袋井市●寺田修二さん

畑に直径50㎝深さ20㎝くらいの穴を掘り、塩ビパイプの奥側半分くらいが穴の上に浮くように置く。パイプの奥のほうにバナナ1本を入れ、奥の口は金網でフタをする。

穴暮らしのハクビシンが警戒もせずにバナナめがけて侵入するとパイプが斜めに。戻ろうとしても滑って出られず、やがて餓死するという。ポイントはパイプの穴径。小さなハクビシンだと穴の中でUターンして逃げてしまうこともある。写真の大きさのパイプだと体重20㎏くらいの親ハクビシンにちょうどいい。

現代農業2013年11月号

コショウのふりかけでトウモロコシが無傷

福島県田村市●渡辺祥春

ハクビシン、テン、アナグマ、イノシシ、カラスなどに、トウモロコシが食べられない方法を大発見！

トウモロコシは熟すと、とても甘い香りがします。動物は目で見て食べるのではなく、においをかいで食べます。そこで、あと3～4日で収穫できる頃、茶色い絹毛へ、コショウをふりかけてください。量はラーメンにふるときより2～3回多めに。

私のうちでは、トウモロコシを200本くらいつくりますが、1本も被害にあいません。1mほど離れている隣の畑では、全部食べられてしまいました。

現代農業2011年4月号

踏み板の上にキャラメルコーンでアライグマを捕まえろ!

北海道月形町役場●今井 学

水辺に捕獲檻を設置する筆者。アライグマは力が強いので、檻の奥の扉は必ず結束バンド(写真の□の位置にある)で補強する

三年前から被害激増

平成十九年の春から、北海道月形町ではアライグマの被害や苦情が爆発的に増えました。北海道のあちこちでも目撃情報が発生。当時アライグマの生態や駆除方法などの情報はまったくなく、ワナをかけてもやられる一方。

役場住民課で有害鳥獣の担当をしている私は、「みんな知らないなら、僕が徹底的に調べて情報発信すれば、被害農家や市町村が助かるんじゃないか」と一念発起。平成二十年の春から一人でいろいろな実験や研究を始めました。その後、北海道の研究者とも情報交換していろいろなことがわかってきました。

これまでに調べてきたアライグマの生態と効果的な捕獲方法を今回ご紹介します。

住みかは木のウロや屋根裏、水辺を移動

もともと海外に生息していたアライグマは、環境への適応能力が高く、日本の暑さ寒さにも耐えられます。また、天敵である野生の肉食動物が国内にいないため、全国各地で繁殖し農作物に被害を与えています。

このアライグマ、四本足で歩く生きものとしては特徴的な部分があります。それは、手。手先がとても器用な動物です。人間やサルと同じく手足の指が五本あり、物をつかむことや木に登ること、穴を開けることができます。トウモロコシは皮をむいて食べ、スイカは穴を開けて中身だけ食べてしまいます。

アライグマは自ら穴を掘ることはほとんどありません。他の動物が住んで

いた穴や、木の洞、家や納屋の屋根裏、縁の下などを住みかにします。

　キツネやタヌキなどの野生動物は沢の中や低い所を通りたがります。アライグマも似ているのですが、とくに水辺を好んで移動します。おもに、川やため池、貯水池などの水辺沿いに歩いてきます。住みかも足跡も水辺付近で発見することがとても多いです。

春、作物が実る前に ワナを仕掛ける

　アライグマは冬眠せず、冬が発情期です。メスは自分の住みかで繁殖し、オスはメスの住みかを転々とします。

　この発情期に目撃情報や足跡など見られることもありますが、この時期にワナを仕掛けてもまったく捕まりません。繁殖時期のメスは住みかからほとんど外に出ません。その代わりオスがメスの所に行きますが、メスの住みかの前にエサとワナを置いても、まったくと言っていいほど見向きもしません。

　もっとも効率的に捕獲できるのは、北海道では春から初夏にかけてです。まだ畑に作物が実る前に捕獲することが捕獲率のアップにつながります。アライグマは冬の繁殖時期を過ぎ、出産後の春に住みかから出てきます。畑に何もない状態でワナを仕掛けると、お腹が空いたアライグマはエサの匂いに誘われてワナに掛かりやすいのです。

甘い匂い、油の匂いが大好き

　アライグマは雑食性です。木の実や作物、残飯や小動物など何でも食べます。しかし、もっとも好きなのは、甘いものと油の匂いです。

　油で揚げた甘い匂いがする食べものといえば……身近で手ごろなものがお菓子の「キャラメルコーン」。コンビニやスーパーなどのお店で手に入り、大きめの粒状で仕掛けるときにも扱いやすいです。肉系や魚系でも捕まりますが、タヌキなどアライグマ以外の動物が捕まったり、日持ちがしないので、あまりおすすめしません。

　ワナに使用するエサはもう一つあります。それは、市販のドッグフード。パラパラとしたドッグフードはアライグマも拾いやすく、安くて広範囲に使用することが可能です。作物の時期によってまき方も工夫できます（次ページ図）。私の経験では、キャラメルコーンとドッグフードを両方使ったほうが捕獲率は高くなります。

筆者（32歳）。「100の理屈より、1つの行動。俺がやらなきゃ誰がやる」が信条。月形町の有害鳥獣駆除の担い手になるため、自分の貯めた小遣いをすべて使ってハンターになりました。手にしているのがエサのキャラメルコーンとドッグフード

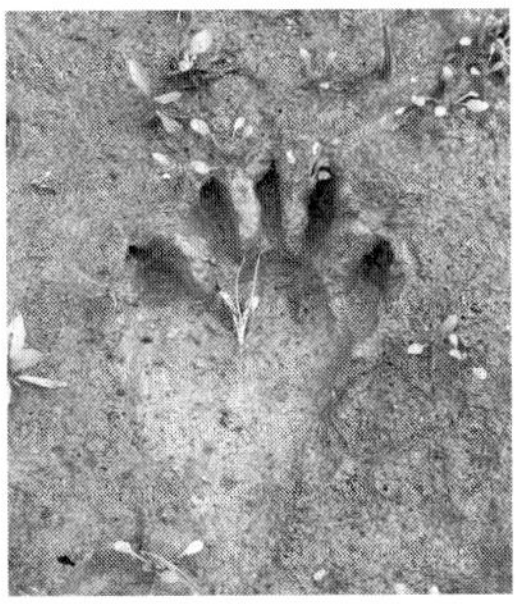

アライグマの足跡（後ろ足）。指が5本ある

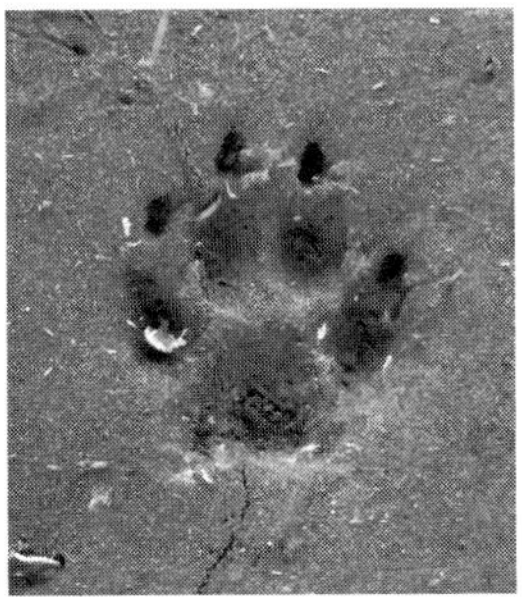

キツネの足跡。指は4本（タヌキも4本）

〈作物がなる前〉

踏み板式捕獲檻を使う場合のエサの置き方

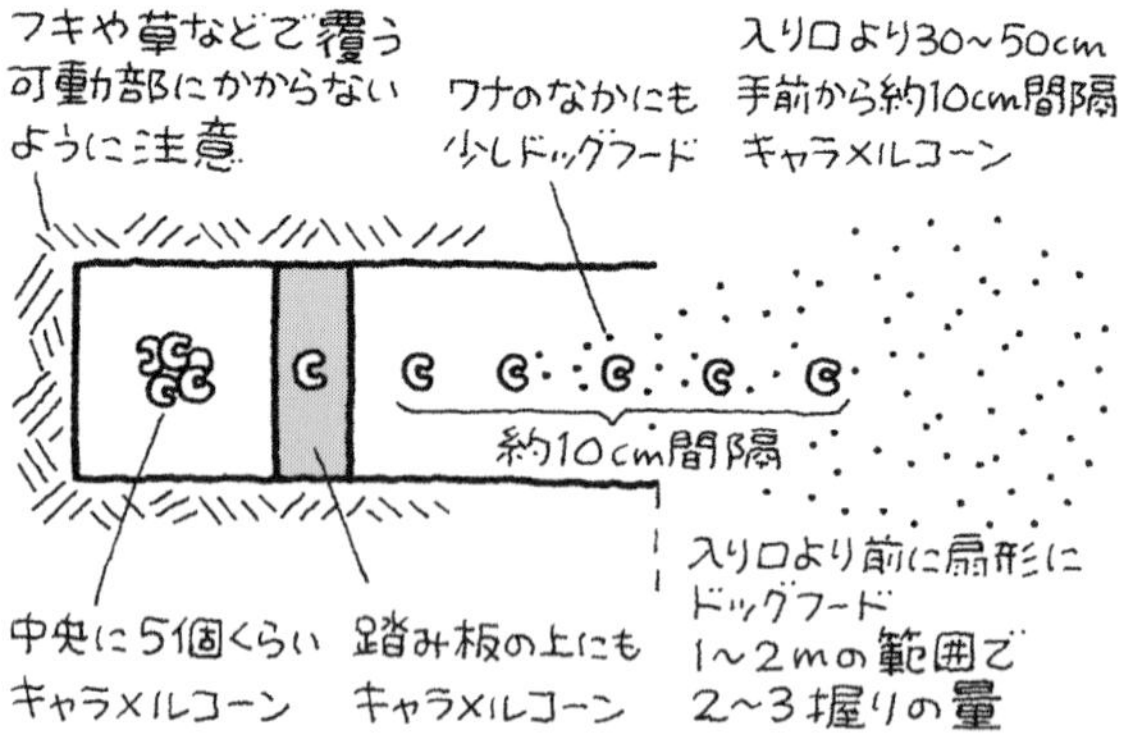

エサとなる作物がない時期（北海道では春〜初夏）は、食べものを探すために通り道がバラバラになる可能性が高い。エサも広範囲にまく

〈作物がなっているとき〉

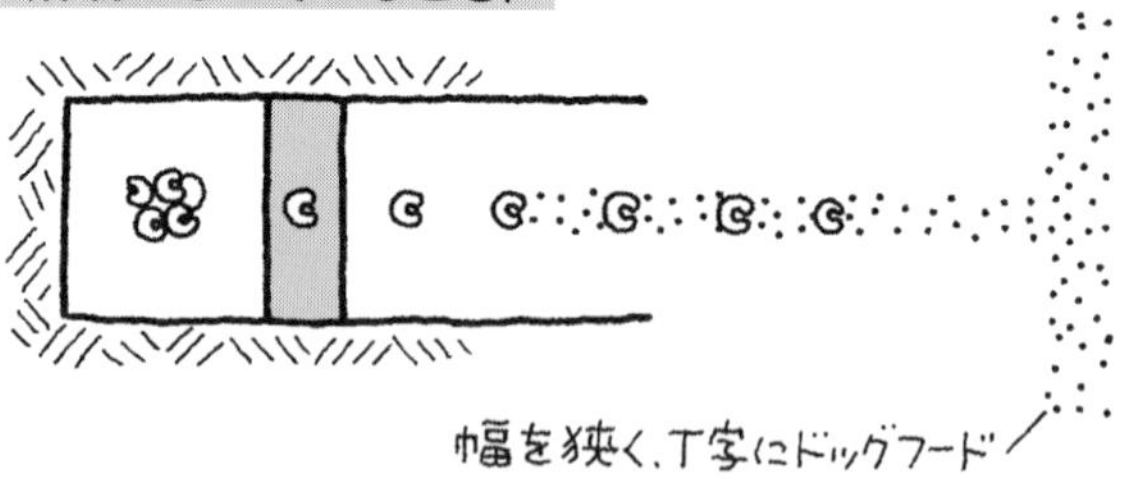

畑に作物が出来てくると（夏〜秋）、畑めがけて歩いて来る場合が多い。まく範囲を狭くし、より強力にワナへ誘導。T字型にまくと、前からでも横から来てもエサに当たりやすい

なお、キャットフードでも代用できますが、魚系の匂いが強いため、野良猫などアライグマ以外の動物が捕まる可能性が高くなります。また、誤捕獲が多いのであれば、キャラメルコーンの代わりにリンゴやスイカなどの果物系を使用するといいでしょう。

踏み板の上にもエサを置く

では、実際にワナを仕掛ける方法をご説明します。使用するワナは中型動物用の捕獲檻（例えば「モデル１０９」）です。

仕掛け場所は水辺周辺がよいでしょう。水辺がなければ周りより低い場所や納屋の中などの住みか周辺に設置します。納屋や物置などは基礎が低いので、建物の壁沿いに仕掛けます。神社など無人の建物の場合は縁の下か屋根裏に仕掛けますが、少しでも人の気配が少ない場所を選んでください。

ワナを設置したら、ワナに誘導するようにエサをまきます（踏み板式の捕獲檻の場合）。

一番のポイントはキャラメルコーンを踏み板（トリガー）の上にも置くこと。踏み板の上のエサをつかんだとき、手が踏み板に当たってワナが作動し、扉が閉まります。踏み板の上に置かないと捕まらないことがあります。

エサをまきおわったら、最後に可動部（踏み板から扉につながる部分）に掛からないようにしながら周りの草を檻の上や横に少し置いて、ワナを隠します。

ワナを仕掛けたら、必ず一日に一回以上見回りをして、エサを補給します。長期間設置するとネズミにエサを食べられるようになりますので、設置から約二週間が勝負になります。

アライグマを含む野生動物の捕獲には、捕獲する場所の自治体が国の駆除許可を得ているか、または、捕獲者が有害鳥獣駆除の許可を市町村長から得ていることが必要です。また、ワナを無料で貸し出しているところもありますので、お住まいの各自治体有害鳥獣担当にお問い合わせください。また、捕獲と併せて農作物の被害対策を行なうことも肝心です。

現代農業二〇一〇年九月号

ヌートリアが思わず入るイカダ式箱ワナ

鳥取県倉吉市●西村英樹

箱ワナはファームエイジの1089を使用。少し重いが丈夫で使いやすく、持ち運びもしやすい。ワナとイカダも針金で2カ所固定しておく。エサは、一年中入手しやすくスライスしても乾燥しにくく傷みにくいニンジンを使う（厚めにスライス）

ヌートリアが一番使う道は「川・水路」

私は、スイカ、水稲、繁殖牛を経営する農家です。スイカを害獣に食い荒されたことから狩猟免許を取り、捕獲を行なってきました。現在はヌートリアを年間一〇〇頭前後捕獲するほか、近所の農家からの相談を受けてイタチやアナグマ等も捕獲しています。

ワナ猟の基本は獣がよく通る獣道を見つけることです。獣にとっての国道や県道みたいな交通量の多い獣道に仕掛ければよく入りますが、町道や農道のような獣道では入らないと恩師が教えてくれました。ヌートリアの捕獲で苦労するのが、この通り道（獣道）を見つけることなのです。

ヌートリアは泳ぎの得意な動物で川や水路を泳いで移動し、エサ場に近づくと陸に上がります。捕獲するときには、川から陸地への上り口やよく利用する獣道にワナを仕掛けます。しかし、陸地をあまり移動しないためか、獣道を見極めるのは難しいと感じていました。探し回ってようやく見つけても、糞や足跡が古かったりして、捕獲にちょうどいい場所が見つかりません。

もっと効率よく捕獲するためには、ヌートリアが一番よく使う道である河川や池で捕獲すればいいということに思い至りました。この周辺にいると思ったところにイカダを浮かべ、その上にワナを仕掛けておけば、確実に捕獲できます。泳いでくるヌートリアを引き寄せるわけです。

この方法なら、護岸された水路など箱ワナを設置しにくい場所でも捕獲ができるし、イカダ上の糞や寄せエサの状態が見やすく、ヌートリアの動向が把握しやすいという長所があります。

岸にしっかり係留する

このイカダ式箱ワナは、大阪府のヌートリアの捕獲の資料を参考に自分なりに工夫して作りました。

イカダの材料は発泡スチロール（丈夫で水を弾く「スタイロフォーム」）、コンパネ一枚、ロープ、針金（ビニー

ヌートリアのひみつ

食べもの

- マメ類や葉菜類、根菜類まで幅広い作物を食害する
- イネの苗や、やわらかい新芽なども好き

繁殖

- ネズミの仲間なので、繁殖力は強い。
- 特定の繁殖期はもたず、年間２回以上産むこともある
- 妊娠期間は130日程度で、１回平均５頭産む。子供もおよそ半年で繁殖可能になる

行動

- 水辺で暮らす生きものなので、水辺から離れて長距離移動することはほとんどない
- 堤防やアゼに穴を掘って巣をつくるので、それ自体が被害になる
- 薮の中にトンネル状の獣道をつくる
- 家族単位の４～５頭のグループをつくる
- いまのところ東海地方より西の本州に生息。分布は徐々に拡大中

ルコーティングしたもの）です。作り方は簡単で、まず発泡スチロールとコンパネの四隅に穴を開けて、太めの針金を通して固定。踏み板側の針金には係留用のロープをつけます。あとは、その上に箱ワナを針金で固定するだけです。

イカダは、流れが緩やかでよどんだ場所に設置します。流されないように、ロープを木や杭などにしっかりと係留してください。狭い水路などに設置する場合は、流れてきた草や木などのゴミがイカダに引っかかって、水路をせき止めることがあるので見回りが必要です。

また、河川や水路にイカダ式箱ワナを設置する際には、管理者に許可を受けるようにしましょう。無断設置はトラブルの原因となります。

県、市、恩師などの協力で捕獲数が上がってきました。足の引っ張り合いではなく地域の協力でヌートリアの数を減らし、農作物の被害をなくしましょう。

現代農業二〇一二年九月号

1カ月で5頭捕れるヌートリア捕獲器

兵庫県養父市●崎尾 進さん

――今、西日本で大繁殖しているヌートリア。イネや野菜を食い荒らされて困っていた崎尾進さんが考案した自作の捕獲器は、誰にでも簡単に作れてよく捕れると評判。

この仕掛けは畑でも利用できるが、川岸や水辺のほうがよく捕れる。50～60㎝離して3カ所くらい置くとどれかにかかる

仕掛けに木の枝などでカモフラージュ

入り口のふたは厚さ5㎜くらいのアルミ板を加工。後ろのふたは漬物入れのふたを利用

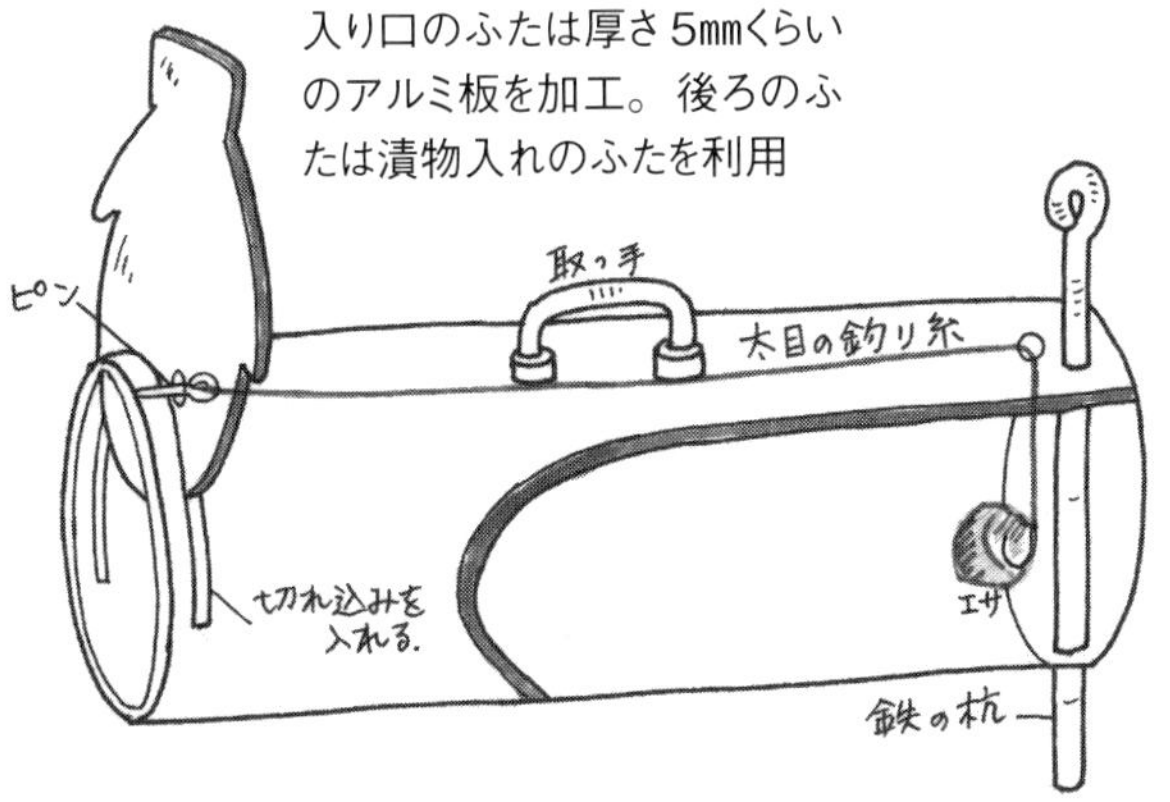

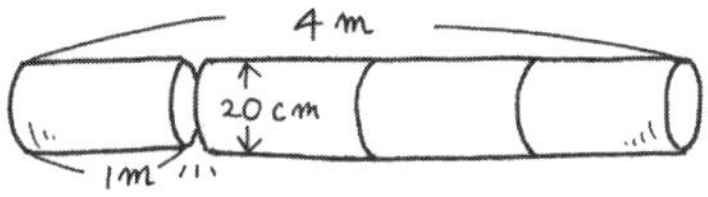

塩ビパイプ（1万円くらい）を4等分すると4つの仕掛けができる

ヌートリアは冬眠しないので一年中捕獲できるが、4～5月が動きが活発で効率がよい

捕って暴れると仕掛け全体が転がってしまうので鉄の杭を土に挿して固定

ヌートリアがエサを取ると糸が引っ張られ、ピンが抜けてふたが閉まる

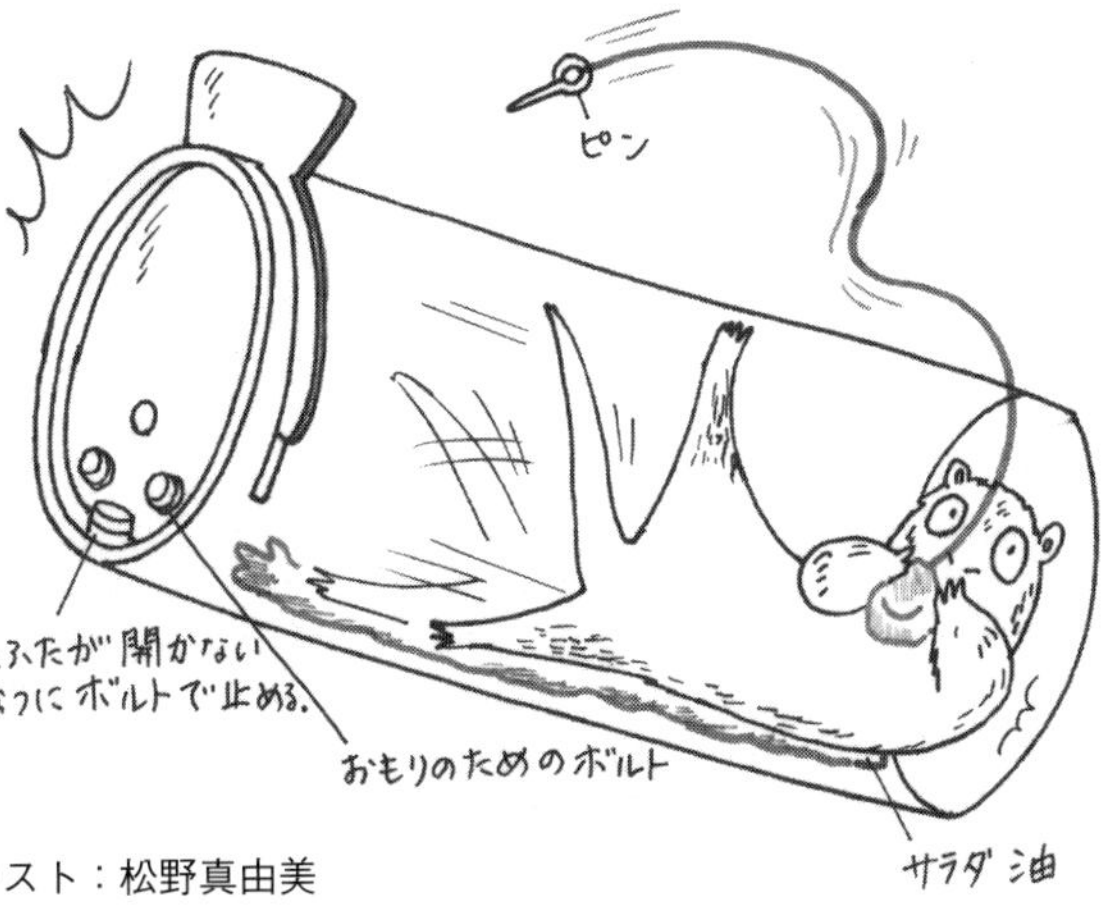

傾けて斜めに仕掛けるとよい。中にサラダ油を塗ると滑りやすくて出られない

現代農業2010年8月号　イラスト：松野真由美

ワナで捕獲を始めるには
～必要な免許・許可～

㈱野生鳥獣対策
連携センター
阿部 豪さん

日本では、**野生鳥獣の捕獲は**法律(注1)によって**原則として禁止**されています。たとえ自分の畑に勝手に侵入し野菜を食べていた動物がいたとしても、事前に免許や許可を取らなければ、捕獲し、処分することはできない(注2･3)のです。

一般的に野生動物を捕獲するには、**狩猟免許**と**狩猟者登録**が必要です

注1　鳥獣の保護及び管理並びに狩猟の適正化に関する法律(略称「鳥獣保護管理法」)

注2　モグラ・ネズミ類は例外。被害防止のためなら捕獲してもいい

注3　囲いワナによる捕獲は、農林業家が被害防止を目的でするなら狩猟免許は取得不要。ただし、猟期期間中(次ページ参照)のみで、許可は必要

狩猟免許の種類

わな猟免許	網猟免許
第一種銃猟免許 (装薬銃･空気銃)	第二種銃猟免許 (空気銃)

狩猟免許･狩猟者登録を取る

狩猟免許は捕獲に使う猟具によって4種類。
箱ワナや囲いワナ、くくりワナを使う場合は「わな猟免許」が必要です。
ただし、狩猟免許だけでは狩猟はできません。
あわせて都道府県に狩猟者登録を申請、認可されてはじめて狩猟ができるようになります

狩猟免許は、都道府県が実施する試験に合格することで取得できる(有効期限は3年間)。猟具の取り扱いなどの技能試験もあるので、事前に地元猟友会が開催する講習会に参加しておいたほうが合格率は高い。

免許取得後、都道府県の狩猟行政担当部局に狩猟者登録を申請する。ちなみに猟友会に入れば手続きは代行してもらえる。

狩猟開始までの手続き

狩猟免許試験の申し込み
↓ (講習会に参加)
狩猟免許試験
↓ 合格!
狩猟免許取得
↓
狩猟者登録の申請
↓
狩猟開始!

狩猟免許試験の申し込み、狩猟者登録申請は各都道府県の担当窓口へ

必要な費用(わな又は網猟の登録料の例)

狩猟免許申請手数料5200円 ＋ 狩猟者登録手数料1800円
＋ 狩猟税8200円＝15200円

ほかに医師による診断書作成費用、猟友会に属さない場合は、わな保険料なども必要
詳しくは、各都道府県の担当窓口へ

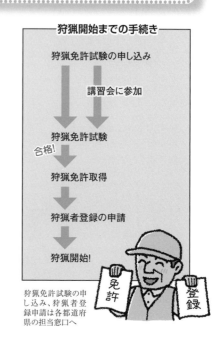

狩猟による捕獲の条件

狩猟ができる期間

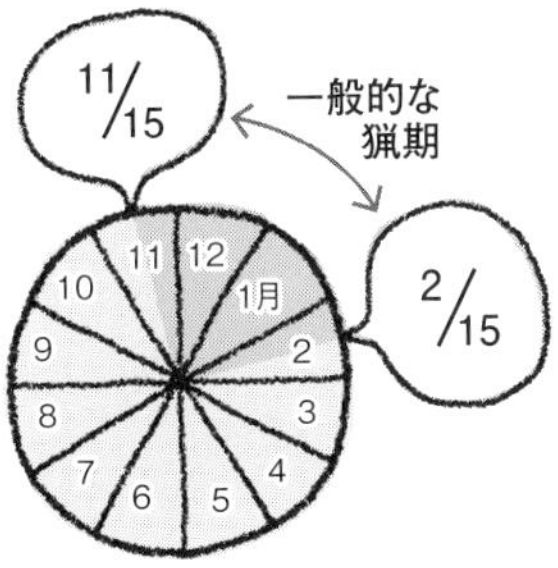

(北海道では10/1～1/31)

ちなみに免許があるからといって**何でも捕獲できるわけではありません。**狩猟で捕獲できる鳥獣は、鳥獣保護法施行規則により現在48種類に指定されています。
また、狩猟ができるのは**猟期期間中に限定**されており、一年中捕獲できるわけでもないので注意しましょう(※)

※狩猟鳥獣や狩猟期間については都道府県によって異なる場合があるので、狩猟者登録をする都道府県に確認する

狩猟鳥獣(獣類は20種類)

タヌキ、キツネ、ヒグマ、ツキノワグマ、ノウサギ…等々(詳細は自治体等で確認)

★アライグマ・ヌートリアは「特定外来生物」

生態系への被害もあるため、運搬や飼育・保管、野に放つ行為などが規制されている。捕獲した場合は捕獲現場での殺処分、もしくは地方自治体への引き渡しが「外来生物法」により定められている

注意 ニホンザルは非狩猟鳥獣

「有害鳥獣捕獲」の申請もできる

被害が深刻で、柵だけでは防ぎきれなかったり、サルなどの非狩猟鳥獣も捕獲する必要がある場合などは、**「有害鳥獣捕獲」の許可を申請**する方法もあります。
狩猟免許を持ち、かつ都道府県知事や市町村長からこの許可を受けた人は、猟期に限らず被害を防ぐために**必要な期間**、サルなどの**非狩猟鳥獣も含めて捕獲**できます(※)

※捕獲できる期間、場所、有害鳥獣は、許可にあたって指定される

区分	狩猟	有害鳥獣捕獲(許可捕獲)
定義	狩猟期間中に、法定猟法により狩猟鳥獣の捕獲を行なうこと	農林業や生態系への被害防止の目的で鳥獣の捕獲を行なうこと
対象鳥獣	指定された鳥獣(狩猟鳥獣)48種	被害鳥獣または被害を出す恐れのある鳥獣(狩猟鳥獣以外も含む)
捕獲目的	問わない	農林業や生態系への被害防止
資格要件	・狩猟免許の取得 ・狩猟者登録 (登録先:都道府県、年度ごとに登録)	・狩猟免許の取得 ・捕獲許可の申請が必要 (申請先:都道府県、ただし許可権限を市町村に委任している場合は役場へ)
捕獲できる時期	毎年11/15～翌年2/15 (都道府県によって延長または短縮あり)	許可された期間 (通常1年以内)
方法	法定猟法 (わな猟・網猟・銃猟)	法定猟法以外も可 (危険猟法については制限あり)

詳しくは、地元自治体の鳥獣対策担当窓口に相談してみましょう

個人での申請もできるが、一般的には、市町村が地元猟友会に依頼して有害捕獲班や鳥獣被害対策実施隊を組織して対応していることが多い

本書は『別冊 現代農業』2018年7月号を単行本化したものです。

著者所属は、原則として執筆いただいた当時のままといたしました。

農家が教える
鳥獣害対策　あの手 この手
イノシシ・シカ・サル・カラス・ネズミ・モグラ・
ハクビシン・アライグマ・ヌートリア

2019年 1 月30日　第1刷発行
2022年11月 5 日　第6刷発行

農文協　編

発 行 所　一般社団法人　農山漁村文化協会
郵便番号 107-8668 東京都港区赤坂7丁目6-1
電 話 03(3585)1142(営業)　03(3585)1147(編集)
FAX 03(3585)3668　振替 00120-3-144478
URL https://www.ruralnet.or.jp/

ISBN978-4-540-18184-9　DTP製作／農文協プロダクション
〈検印廃止〉　印刷・製本／凸版印刷㈱

定価はカバーに表示
乱丁・落丁本はお取りかえいたします。